荷花出版
EUGENE GROUP

孕媽 最想上的 懷孕課

荷花出版

孕媽最想上的懷孕課

出版人：尤金

編務總監：林澄江

設計：李孝儀

出版發行：荷花出版有限公司

電話：2811 4522

排版製作：荷花集團製作部

印刷：新世紀印刷實業有限公司

版次：2022年12月初版

定價：HK$99

國際書號：ISBN_978-988-8506-63-7

© 2022 EUGENE INTERNATIONAL LTD.

荷花出版
EUGENEGROUP

香港鰂魚涌華蘭路20號華蘭中心1902-04室
電話：2811 4522　圖文傳真：2565 0258
網址：www.eugenegroup.com.hk
電子郵件：admin@eugenegroup.com.hk

懷孕生子 女人天職？

　　有些媽媽説，未曾懷孕過的女人，未算真女人！這句説話，第一個跳出來反對的當然是女權份子，但也反映出在不少女人的潛意識裏，懷孕生子似乎是女人的天職，若未能完成這個職份，總是欠缺了甚麼似的。

　　懷孕生子，是所有雌性動物的生理功能，延續下一代有賴於此，但若説到是女人的天職，甚至乎説成未曾經歷過的就不算真女人，實在是有點言重了！因為女人雖然有這功能，但用不用是個人選擇，如果她不想用，我們只有尊重她的抉擇，絕不能因此而説她非真女人！

　　懷孕生子，固然有不少女人在一生中非要嘗試不可，但也有不少拒絕經歷，當然還有一些是渴望經歷但又不能得償所願，這是因為未能覓得伴侶，又或自己身體狀況未能懷孕生子等種種原因之故。總之，渴望懷孕生子而終能圓夢，我們送上祝福；不求懷孕生子而堅持宗旨，我們只有尊重；欲求懷孕生子而未能如願，我們只寄予同情。

　　説到懷孕生子，100 個女人有 100 個不同故事，雖然懷孕的生理過程都大同小異，但加上不同人的經歷、感受、遭遇，便會令懷孕變得不一樣，令懷孕的故事豐富多姿。就如本書記錄了一個真人真事，一名事業型女性一直在職場搏殺，直至想懷孕生子時，已進入 40 歲高齡孕婦階段，不幸的是其卵巢有早衰問題，故需冷藏卵子，並要遠赴美國借精生子，經歷了重重障礙後，終於如願以償，以人工受孕方式產下男 B。

　　這樣的懷孕故事，讀來令人感動，驚覺有人為了懷孕生子，不惜一切代價。這樣感人的故事，本書還有不少，讀者可在第一章細細閱讀。除懷孕經歷外，本書第二章記錄了約 100 名孕媽媽的心聲，講述她們對懷孕生仔事的看法，讀者可從中看看有否引起你的共鳴？至於第三章孕媽運動，介紹多種產前運動，讓孕媽媽多做運動，除令自己和胎兒健康外，還有助分娩。

　　本書既有感人的懷孕故事，也有實用的產前運動，實在不可多得，正在懷孕的你，身邊怎可沒有？

目錄

Part 1　孕媽經歷

Ceci追蹤 10

· 懷孕13-16 weeks

· 懷孕17-20 weeks

· 懷孕21-24 weeks

· 懷孕25-28 weeks

· 懷孕29-32 weeks

· 懷孕33-37 weeks

生第2胎湊成好字 34

借精生子40歲做單身媽媽 38

疫情下驚險懷孕記 42

台女嫁港男生仔超級痛 46

已有5個小孩再陀第6胎 50

4次流產終圓產子夢 54

驚險開刀大出血 58

孕期反應孕吐見血 62

前兩胎是子第3胎終得女 66

網紅KOL無痛生產好舒服 70

攝影師孕媽影孕照倍親切 74

前港隊泳手大肚仍參賽 78

甜酸苦辣懷孕旅程 82

非一般懷孕非洲孕婦禁忌 86

HealthBaby
生寶臍帶血庫

香港**最尖端幹細胞科技**臍帶血庫
唯一使用**BioArchive®**全自動系統

FDA
認可

HealthBaby
生寶臍帶血庫

thermogenesis
bioarchive®

✓ 美國食品及藥物管理局(FDA)認可

✓ 全自動電腦操作

✓ 全港最多國際專業認證
(FACT, CAP, AABB)

✓ 全港最大及最嚴謹幹細胞實驗室

✓ 全港最多本地臍帶血移植經驗

✓ 病人移植後存活率較傳統儲存系
統高出10%*

✓ 附屬上市集團 實力雄厚

*Research result of "National Cord Blood Program" in March 2007 from New York Blood Center

目 錄

Part 2 孕媽心聲

想BB哪個季節出世？ 92

你想生仔定生女？ 96

大肚時老公點幫手？ 100

孕期最想多謝誰人？ 104

孕期皮膚變好定變差？ 108

防妊娠紋有何招數？ 112

做過哪類孕婦運動？ 116

Babymoon想去哪裏？ 119

有冇上產前班？ 122

生完BB最想做乜？ 125

用過哪類孕婦產品？ 128

孕期有冇買大肚衫？ 131

怎樣幫BB改名？ 134

點為BB改英文名？ 137

幾時砌好BB床？ 140

用幾多錢買BB用品？ 143

會否為BB買教育基金？ 146

BB利是錢點處理？ 149

送甚麼禮物給寶寶？ 152

帶唔帶小B旅行？ 155

大住肚怎樣過聖誕？ 158

聖誕帶BB去邊玩？ 161

孕媽新年怎樣度過？ 164

如何與BB一起過年？ 167

Part 3 孕媽運動

在職孕媽辦公室也運動 172

輕鬆耍太極養中氣生仔有力 177

伸展運動踢走肩頸腰背痛 182

孕婦瑜伽7式紓緩孕期不適 188

孕媽潮學普拉提動起來 194

中醫教路簡單動作減痛症 200

多做拉筋減輕肌肉勞損 204

下肢伸展運動趕走抽筋水腫 208

6招毛巾操踢走產後不適 214

三合一運動速效回復身段 219

鳴謝以下專家為本書提供資料

黃心然 / 註冊物理治療師
周毓輝／ 註冊物理治療師
劉柏偉 / 註冊脊骨神經科醫生
李卓林 / 註冊中醫師
劉祺智 / 太極坊教練
Katie / 註冊助產士兼瑜伽導師
Kristy / 健身課程培訓總監
Ada / 健身課程導師
Rico Guevara / 健身教練

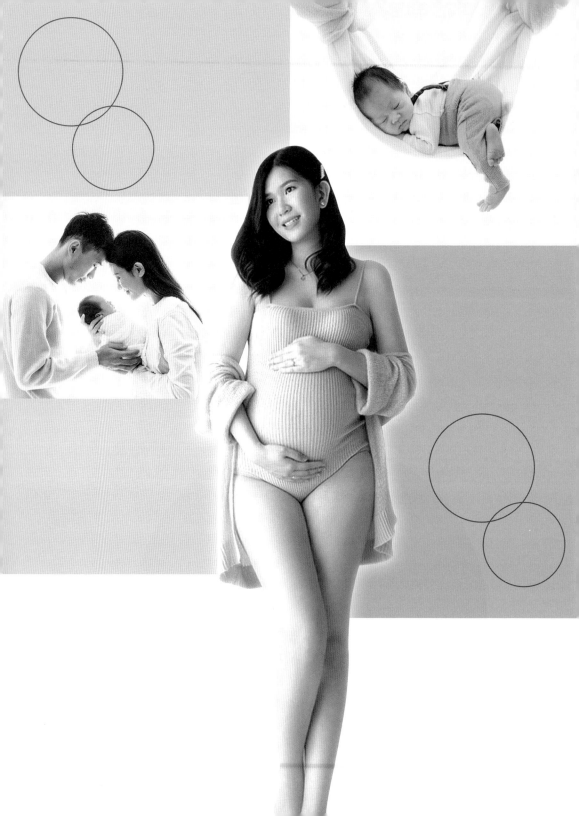

Part 1

孕媽經歷

懷孕的經歷，甜酸苦辣樣樣齊，各人有不同的體驗，
參考一下人家的經歷，讓自己擴闊一下眼界，
到自己親歷其境時，就不會手足無措了！
本章有十多個孕媽媽的經歷，每個
故事都會給你不少啟發。

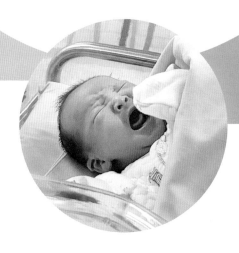

懷孕 13-16 weeks

胃口好但盆骨痛

本文主角是媽媽 Ceci，今胎是她的第二次懷孕，原來這次懷孕大計大女也有參與其中，並且她提出想要一個「細佬仔」，不知 Ceci 會如何應對囡囡的要求呢？而 Ceci 在懷孕期間又發生了甚麼事情？一起來看看一連六輯的 Ceci 分享吧！

孕媽 Profile

Ceci

生產方法：順產

職業：全職媽媽

懷孕次數：第二胎

預產期：2020 年 6 月

現時體重：49.5kg

本文主角是媽媽 Ceci，自從誕下囡囡小 JM 後，Ceci 成為一位全職媽媽及 blogger，全力投入家頭細務，並在網上分享湊 B 日記。2019 年 Ceci 迎來第二胎，再嘗一次懷孕的滋味，家中增添一位小成員，不知第二次懷孕的 Ceci 在 13 至 16 周期間經歷了甚麼事情呢？以下由 Ceci 分享她的懷孕心路歷程。

孩子互相學習

相信不少獨生子女在成長過程中，都希望有兄弟姊妹陪伴自己，這正正是 Ceci 決定懷上第二胎的原因，她認為相較起有兄弟姊妹的人，Ceci 認為獨生的孩子比較容易忽略他人的感受，她希望囡囡的成長中有弟妹的陪伴，讓他們之間學懂去關懷他人。

Ceci 指囡囡的性格較為急躁，希望她能有多一點的耐心，所以兩人一同成長的過程可以互相學習，性格上能夠互相協調，對性格的培養及待人接物更有幫助。而姐姐作為大孩子也可以教導弟妹，這些事情是在校園裏未必能學習得到的。

囡囡想要細佬

原來 Ceci 生二胎的決定，小 JM 也有從中推動，Ceci 指一開始是囡囡催促自己，希望媽媽生一個「細佬仔」（弟弟），但是胎兒的性別並不是他們可以決定，於是 Ceci 對小 JM 說：「BB 可以是細佬，可以是妹妹，不是我們可以選擇的。無論是細佬還是妹妹，都是我們的家人，要愛錫他。」雖然囡囡一開始有點不接受的態度，但經過媽媽潛移默化的勸說下，小 JM 慢慢接受了事實，並對 Ceci 說：「生細佬仔好，生細妹也好吧！」

在決定懷孕前，Ceci 亦告訴囡囡，「媽咪要湊寶寶好辛苦，有好多事情要做！」，只有 3 歲大的囡囡也乖巧地舉手說要幫忙「換片、哄寶寶睡覺，以及煮食」，並且跟媽媽「協商」好餵哺母乳時，一邊是寶寶吸，另一邊是自己吸，要與寶寶一起分享媽媽的母乳。

驚喜的 6 月寶寶

由於全家都是 2 月出世，Ceci 打算安排第二胎也在 2 月出世。可是，由於去年 3 月囡囡不適入院一星期，Ceci 也陪伴她入院，但囡囡出院之時，Ceci 卻生病及起風癩，服用了抗生素以及敏感藥，導致當時要暫緩懷孕的計劃，所以二胎的預產期變為 6 月，

Pregnancy Progress

1st follow: 13-16 weeks

是家中唯一在 6 月出生的成員。

　　嘗試「造人」幾個月後，某天 Ceci 發現自己經期遲遲未來，以驗孕棒檢查 3 次後，結果是成功懷孕。於是 Ceci 以寫心意卡的方式告知老公，她將心意卡放在水費單的信封內，給老公拆閱，並且讓因因取出驗孕棒給老公。Ceci 指老公當時看過後，反應非常驚喜，還開心得抱起因因轉動呢！

虛驚一場

　　Ceci 認為今胎懷孕比上胎較為舒服，上次的孕期首 6 至 7 個月都欠缺食慾，而今次的胃口大好，吃過正餐一會兒後就感到肚餓，晚上還要食消夜。但是腰痛及盆骨痛卻在這段期間發生在 Ceci 身上，她起床落地時痛得馬上要縮起雙腳，不過醫生指這是正常反應，Ceci 只好先忍受一段日子。另外，由於 Ceci 有血糖低及血壓低的情況，醫生也提醒她要多休息。

　　不過，最近有件事情令 Ceci 虛驚一場。某天 Ceci 為因因洗澡後，發現自己下體流啡，她沒有想到懷孕中期會流啡，大為緊張，但當時診所已經關門，Ceci 只好待第二天再去檢查。檢查過後，Ceci 與胎兒並沒有大礙，大家頓時放下心頭大石，寶寶也健康在 Ceci 的肚子中成長。

Pregnancy Memories...

雖然初孕比較累,但仍然享受親子遊的樂趣。

同小 JM 一齊去製聖誕曲奇。

單拖一個帶小 JM 去體院玩,雖然累,但見到囡囡開心「乜都抵返晒。」

為了令小 JM 明白照顧 BB 非易事,特意去上工作坊,讓囡囡明白湊 B 的辛勞。

孕媽媽都需要 MeTime 的,與 BFF 一齊食串燒。

懷孕 17-20 weeks

擔心疫情侵襲

孕媽 Ceci 的孕期踏入 17 至 20 周，這段期間由於受到疫情影響，Ceci 亦感到相當大的壓力，出入都非常小心，加上有胎盤過低的問題，以下來看看 Ceci 在此期間的煩惱吧！

孕媽 Profile

Ceci
生產方法：順產
職業：全職媽媽
懷孕次數：第二胎
預產期：2020 年 6 月
現時體重：50.7kg(↑1.2)

香港於 2020 年初開始受到新冠肺炎疫情影響，人人戴起口罩，擔心受到感染，作為孕媽媽的 Ceci 也不例外，因因停課在家，她們留在家減少外出。除了要照顧自己，Ceci 亦要照顧因因及肚中的胎兒，令她感到壓力倍增，加上面對胎位過低的情況，同時要注意胎兒體重會否過重，的確是挺累人的事。

胎位低驚早產

Ceci 最近到醫院檢查後，醫生指二胎的胎位偏低，孕媽不要太操勞，如果日後不升高可能會有早產的機會。此外，醫生亦提醒 Ceci，由於她的身形較小，要注意胎兒體重，盡量不可超過 6 磅，要不然順產時會有困難。Ceci 表示今胎的胃口較好，自己保持少食多餐的習慣，也有食一些零食。目前為止，胎位偏低是她最擔心的事情，她也想起陀住因因時，照結構結果顯示因因的腸道有陰影，不知是否無腸 BB，怕出世後無法吸收，最後幸好是虛驚一場。

被因因激親

小孩子上學的時間，一向是媽媽的私人放鬆時間，但由於疫情關係，學校停課，因因留在家中與 Ceci 相伴。Ceci 指：「以前因因是由爸爸負責梳頭、換衫，以及送她上學，媽媽可以繼續睡。」但是最近因因不用上學後，作息與以往截然不同，她依然早起，卻不睡午覺，然而因因的午睡時光，是 Ceci 休息或是處理事情的時間，因此 Ceci 在家中的日子，除了煮食給因因，亦要安排功課給她做。

而因因在家時，會將圖書及玩具散落一地，也令 Ceci 感到心煩及疲累，因為自己想保持家居整潔。Ceci 憶起有天因因吃粟米片時，不小心打翻了，灑到全身及地上，一地都是玩具，因因知道自己做錯哭起來，Ceci 感到很氣餒亦不禁落淚，對她說：「你哭我也想哭呢！」因因見狀，乖乖地自行去廁所清理。幸好，因因間中到婆婆家中暫住一兩天的日子，終於讓 Ceci 有些喘氣的空間，跟老公過二人世界。

全家嚴陣以待

出入健康院及醫院，是 Ceci 最擔心的事，因為這些地方人流較多，而且容易帶有病菌。Ceci 出入時更加倍小心，到醫院覆診

Pregnancy Progress

1st follow:
13-16 weeks

2nd follow:
17-20 weeks

會使用規格較高的口罩，按電梯的按鈕前後都會消毒雙手。Ceci
表示，有見確診人士沒有外遊記錄都受到感染，擔心社區中會隱
形帶菌者，居住地區也有確診個案，令她不敢隨便外出，即使要
到健康院報到，她預約最早段的時間，以避開人潮。

　　而老公回到家中時，會先噴消毒藥水在地墊及鞋面，之後馬
上會洗手。Ceci 會教女兒去街要戴口罩，她指「每個人都有責任
去戴口罩，保護自己，保護別人」。囡囡亦能明白，還會教導大
人要戴口罩：「街上有很多病菌，會容易感染到，就需要隔離無
法見面了！」囡囡此番話令 Ceci 感到非常欣慰。

　　口罩的需求自疫情爆發後大增，Ceci 表示自己在過年前買了
一盒口罩後，之後再也買不到，但幸好有親友送贈，她指「收到
口罩是件開心事」。即使因疫情而心中不安，加上要照顧囡囡及
胎兒而壓力大增，自己也只有做好安全措施，希望這些日子會盡
快過去，寶寶健康出生。

Pregnancy Memories...

今胎依然要飲糖水做測試，但點解我覺得難飲過 上次咁嘅？（強顏歡笑中......）

難得不用湊女，又有幾個鐘可以同老公二人世界。

過年前當然要食團年飯啦！同成班怪獸一齊過咗個開心又熱鬧嘅晚上。

三口子都係二月生日，當然要慶祝一下啦！祝願所有人都身體健康！

疫症來襲，團拜都要配備口罩先係上策！

懷孕 21-24 weeks

大女懂事感安慰

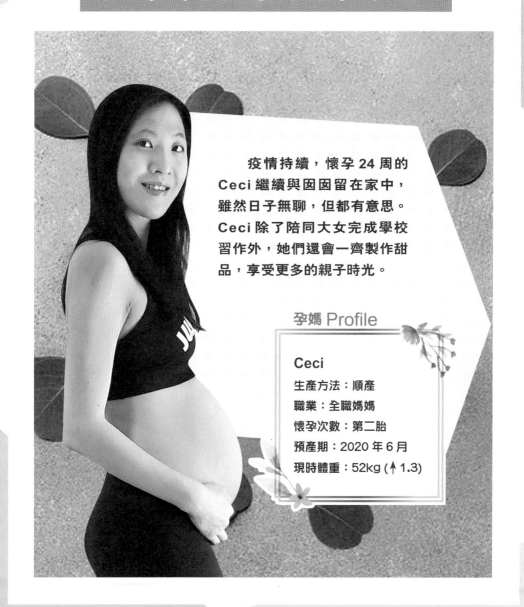

疫情持續，懷孕 24 周的 Ceci 繼續與囡囡留在家中，雖然日子無聊，但都有意思。Ceci 除了陪同大女完成學校習作外，她們還會一齊製作甜品，享受更多的親子時光。

孕媽 Profile

Ceci

生產方法：順產

職業：全職媽媽

懷孕次數：第二胎

預產期：2020 年 6 月

現時體重：52kg (↑1.3)

由於擔心疫情，Ceci 認為即使學校宣佈復課，但如果疫情沒有放緩的跡象，仍會為囡囡請假不上學。她指課堂的小朋友眾多，都會擔心衛生情況，而健康最重要，學習知識亦不需要急於一時，Ceci 亦說：「自己的小朋友緊要過學業，如果她出事，就算能夠上課認字又如何呢？」

囡囡防疫意識高

Ceci 笑言只有 K1 的囡囡為人「老積」，看過新聞後會驚嘆：「這個病毒太恐怖了！所以我們外出要戴口罩及洗手。」此番說話讓 Ceci 感到欣慰，可見囡囡明白疫情的嚴重程度，而 Ceci 亦會在囡囡在袋子中準備好消毒用品，讓她外出時可以使用。

有做姐姐的潛質

以往囡囡在周末都會到婆婆家中，與表妹一起度過，讓媽媽有歇息的時間，但是近來婆婆住的大廈有確診肺炎的個案，因此暫時未能過去，自己與囡囡更要朝夕相對了。

今次輪到表妹在周末會來家中過夜，小表妹比囡囡小 3 歲，她會幫忙照顧表妹，陪她玩耍，還會哄表妹睡午覺。囡囡多了與小朋友相處的時間，Ceci 看出她有做姐姐的表現，老公與自己都感到驚喜，不過 Ceci 仍然擔心如果寶寶出生，囡囡是否能適應得到。

不過 Ceci 的顧慮或許過多了，她打算在二胎出世後餵哺母乳，囡囡向爸爸強調：「奶奶（母乳）是二寶及我飲的，爸爸要排隊！」可見囡囡懂得以寶寶為先。Ceci 亦有向囡囡預告，寶寶出世後只會哭鬧，可能會很嘈吵，讓她有個心理準備。

囡囡則回應：「我會幫手哄寶寶，還會幫手換尿片呢！」此刻只有 4 歲的囡囡，在媽媽眼中長大了不少，可能是與小表妹相處時間長了，訓練出她作為姐姐的耐心。

家中小廚神

Ceci 分享道，囡囡在家中除了玩耍，還喜歡煮食，她們在家中會一起製作甜品，囡囡也喜歡甜食，最近她們做了檸檬撻，囡囡負責為撻皮塑形，幫忙混合不同的食材，角色是個副手，聽從「大廚」媽媽在指令。囡囡與爸爸一起時則會煮意粉，與媽媽就一起做甜品，有時更會做中式糖水，年紀小小的她已懂得分辨桃

Pregnancy Progress

1st follow:
13-16 weeks

2nd follow:
17-20 weeks

3rd follow:
21-24 weeks

膠、紅棗、桂圓與蓮子等食材。

寶寶食指大動

　　醫生指 Ceci 的血糖及血壓較低，可能易暈，要小心點。除了腰部有點痠痛，Ceci 認為近來懷胎比初期輕鬆，可能是習慣了。不過她發現胎動越來越頻密，有時在爸爸車上時，寶寶聽到澎湃的音樂便會踢肚子；如果 Ceci 向左邊靠時，他會不喜歡，要媽媽轉向右邊至舒服的位置才會安定。如果在用餐時，寶寶聞到食物的香味，更會大動特動，可能是個為食 BB 呢！Ceci 笑言，如果胎動時留心看肚子，會見到肚皮「彈吓彈吓」。

Pregnancy Memories...

停課第 N 日，大女兒喺屋企做媽媽整嘅 *worksheet* 打發時間。

疫情下出遊非易事，趁爸爸平日請假去離島放空一下以解悶。

小廚師今次話要整酥皮檸檬撻，媽媽一於奉陪到底。

一齊整甜品布難度，仲要食到好滋味，變埋豆雞眼。

表妹仔嚟渡假，提早體驗一湊二。

21

懷孕 25-28 weeks

血糖過高感憂心

來到孕期第 25 至 28 周，Ceci 的肚子明顯比之前更大，可是體重卻輕了，究竟發生甚麼事呢？以下來看看 Ceci 的分享。

孕媽 Profile

Ceci
生產方法：順產
職業：全職媽媽
懷孕次數：第二胎
預產期：2020 年 6 月
現時體重：51.7kg(↓0.3)

踏入孕期第 25 至 28 周，Ceci 面對前所未有的挑戰：她第一次遇上血糖過高的問題，需要相隔兩星期後再度覆診，令她擔心不已，此外她的體重亦較輕，幸好腹中胎兒的健康指數達標。Ceci 認為只要 BB 磅數足夠就心滿意足，她還分享了早前拍下的孕照，讓大家看看孕媽媽也有美麗動人的一面！

糖水測試不合格

今次 Ceci 透露收到醫院的電話，通知她飲糖水測試不合格，需要於兩星期後覆診。她指自己整個孕期只有血壓及血糖低的情況，對於糖水測試血糖過高有點驚訝，而且她有家族糖尿病歷史，因此兩胎都要做飲糖水測試兩次，分別是在孕期 4 月及 7 月的時候。

隨着因疫情而留在家的日子增長，Ceci 猜測飲糖水測試不合格，可能是由於最近缺乏走動的緣故，所以會影響到血糖，加上做測試當日她亦只留在座位上，因為怕四處走動會有染病的風險，以往飲過糖水後，在等待抽血的時段，Ceci 則會到處走走散步。心急如焚的 Ceci 得知後，馬上向有經驗的朋友請教。

朋友則認為 Ceci 的情況不算嚴重，因為她在兩星期後才去做檢查，而且不用留院觀察，即代表並非緊急情況。她們建議 Ceci 少食澱粉質食物，食飯前可先吃蔬菜及肉類，以幫助減少吃飯的份量。朋友安慰 Ceci 道：「放鬆點，不用擔心！」雖則如此，但 Ceci 在未知結果前，心中仍是「囉囉攣」的。

體重下跌受醫生關注

雖然 Ceci 在踏入孕期第 7 個月後，胃口大增，營養吸收得更多，但體重不增反跌。一般情況下，孕婦在此期間的體重每星期平均最少增 0.3 公斤，但 Ceci 每星期只有 0.2 公斤上升，最近更由 52 公斤跌至 51.7 公斤。

幸而，Ceci 的胎兒成長合乎生長線，政府醫生表示胎兒健康就不太擔心，不過私家醫生則比較擔心 Ceci 的情況，誤以為她為了保持體態而節食，老公為 Ceci 辯護，指她有正常的飲食，在餐與餐之間更會進食小吃。Ceci 個人認為，「你 (醫生) 話我不夠重我不介意，但 BB 夠重我就接受，以 BB 行先。」

醫生叮嚀 Ceci，雖然她的胎兒合乎標準，但胎水較少，可能對寶寶的吸收有所影響，要注意食飯後需多加休息，醫生又指她

Pregnancy Progress

1st follow:
13-16 weeks

2nd follow:
17-20 weeks

3rd follow:
21-24 weeks

4th follow:
25-28 weeks

的體形較細小，需要減少澱粉質吸收，否則寶寶體形過大，順產時會較困難及辛苦。

拍孕照感滿意

拍攝孕照幾乎是每位孕媽媽的指定動作，以記錄自己的孕期面貌，留下難忘的回憶。Ceci 憶起當年與老公拍結婚照時，找來一位台灣的攝影師，為自己拍下難忘的婚攝，今次的孕照，Ceci 亦希望再次由他操刀。可惜早前遇上疫情，無法親自到台灣拍照，只好打消念頭。Ceci 決定在網上做資料搜集，找間本地的孕照攝影拍照。

經過 15 間攝影公司的比較後，Ceci 最終選出價錢既合宜，風格亦合乎自己心水的孕照攝影公司，拍攝出來的效果及服務令她非常稱心滿意，今次她作出大膽嘗試，拍下裸照，為懷着小生命的自己留下倩影。

Pregnancy Memories...

孕照分享。

疫情關係令小
朋友不能外
出，只好在舅
舅住家樓下的
草坪來個「偽
野餐」，滿足
一下小朋友。

兒童節不能外出，改為一起宅在家中慶祝啦！

追蹤 Case

懷孕 29-32 weeks

遇上妊娠糖尿

來到孕期第 29 至 32 周，Ceci 在最近的妊娠糖尿測試結果不合格，因此要在飲食上特別注意。孕後期的 Ceci 容易感到腰痛，肚子增大影響到她的睡眠質素。距離預產期只有一個月，Ceci 表示一切準備就緒。

孕媽 Profile

Ceci

生產方法：順產

職業：全職媽媽

懷孕次數：第二胎

預產期：2020 年 6 月

現時體重：55.2kg (↑3.5)

疫情持續，加上處於懷孕後期，Ceci 貫徹留在家的措施，她表示「不敢周圍去，惟有日日在家」，因為香港仍有新增的新冠肺炎感染個案。6 月中旬是 Ceci 的預產期，老公希望能夠陪產支持她，可是由於疫情關係，醫院未能開放陪產服務，對於各位孕媽媽及老公來說，不能陪產應該是個遺憾。

一星期篤 2 次手指

Ceci 最近做了妊娠糖尿測試，結果卻是不合格，醫生指她的血糖值輕微超標，因此一星期有需要「篤手指」兩次，並記錄下來，在覆診時讓醫生檢查。Ceci 慶幸自己不是嚴重個案，要不然就要一星期「篤手指」7 天了，要忍受其痛楚，更讓孕媽媽忐忑不安。

如果孕媽媽血糖指數太高，對胎兒都有一定的危險。Ceci 表示自己沒有特別擔心，只是會特別注意飲食，視乎當天的血糖指數再去調節，她盡量少吃澱粉質食物，在餐前多吃蔬菜填飽肚子。希望 Ceci 的血糖指數盡快恢復正常，不必再忍受「篤手指」的痛楚！

睡眠質素差

來到孕後期，Ceci 的肚子明顯大得飛快，似是一夜間給寶寶撐大了，Ceci 指自己於懷孕 7 個月時的肚圍，已等於上一胎生產前的肚圍。隨着肚子更大更重，Ceci 感到腰部容易痠痛，而且睡眠質素更差，無論靠左睡或靠右睡都有困難。她又說：「擔心寶寶突然要出來，怕早於 37 周出世（早產）！」以上情況都令她輾轉反側，無法安睡。

準備走佬袋

上次的懷孕訪問中，Ceci 提到自己的體重下跌，而今次體重終於回升，但仍是不理想，因為她在孕後期體重上升不足 10 磅，重量升幅不足，不過胎兒健康指數幸好是達標的。為了迎接寶寶的出生，Ceci 已準備好走佬袋及炒米茶，而且也教導了囡囡如何照顧寶寶，讓她也有心理準備。

Pregnancy Progress

1st follow:
13-16 weeks

2nd follow:
17-20 weeks

4th follow:
25-28 weeks

3rd follow:
21-24 weeks

5th follow:
29-32 weeks

Pregnancy Memories...

只要有愛,日日都是母親節,日日都是好時節。

趁着懷孕拍下孕照!

親子出遊。疫情下外出記得要戴口罩勤洗手呀!　難得的郊遊日,爸爸教小 JM 踩單車。

懷孕 **33-37** weeks

生產痛到落淚

完結篇

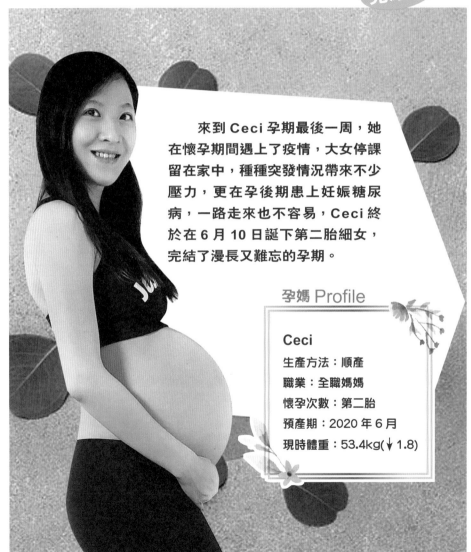

來到 Ceci 孕期最後一周，她在懷孕期間遇上了疫情，大女停課留在家中，種種突發情況帶來不少壓力，更在孕後期患上妊娠糖尿病，一路走來也不容易，Ceci 終於在 6 月 10 日誕下第二胎細女，完結了漫長又難忘的孕期。

孕媽 Profile

Ceci
生產方法：順產
職業：全職媽媽
懷孕次數：第二胎
預產期：2020 年 6 月
現時體重：53.4kg(↓1.8)

今次與 Ceci 做訪問時，她已誕下了細女 Jodi，在電話訪問中伴隨寶寶的哭喊聲。Ceci 透露原本於 6 月初做了 B 型鏈球菌測試後，下體開始有見紅的現象，她以為是測試令子宮部位受損，才會有流血，但情況持續了幾天，於是她在上個月的 7 號入院檢查，確認是「見紅」，而且子宮頸還已開至 2 度，她便需要留院，加上生產，她在醫院住了 5 日 4 夜。

見紅留院多天

Ceci 入院後，子宮頸開至 2 度便停下來，她希望可以快點「卸貨」，於是問醫生可否讓她坐健身球，但醫生不建議她如此做，因為當時 Ceci 的孕期未足 37 周，若生下寶寶便是早產。直至 10 號早上，Ceci 吃過早餐後，便感到陣陣的痛楚，是有規律的陣痛，坐過健身球後，陣痛更是越來越頻密，每隔 3 至 4 分鐘痛一次，此時她的子宮頸已開至 3 度，要立刻入產房待產，Ceci 亦打電話通知老公入院陪產。

痛不欲生的過程

Ceci 入產房後，痛楚越發厲害，她指當時「痛得無法忍受，痛到標晒冷汗，產房又好凍」。陣痛擾讓了兩小時，Ceci 感到寶寶將隨時出來，但仍未穿羊水，而尾龍骨位置被壓住，更是痛上加痛。助產士建議她轉坐姿減輕痛楚，讓寶寶快點出世，不過於事無補，Ceci 感覺到有暖流從下體流出來，但流出來的是血而不是羊水。

有見及此，助產士便召來醫生，以人手穿水的方式，讓羊水流出，並開始難捱的生產過程。Ceci 使盡九牛二虎之力，寶寶仍未能出來，在痛楚折磨下，又要擔心「食全餐」，而且比上胎痛很多，她忍不住哭出來。Ceci 想起助產士在旁為自己打氣，以及有老公陪伴，她表示：「如果冇得陪產，我覺得自己未必頂得住。」最後她用盡全身的力量，用力將寶寶推出來，寶寶在 Ceci 的努力之下順利出世。編者在此恭喜 Ceci，做媽媽真的不容易！

「望着她就好似不太痛，好似止痛藥。」Ceci 生產後，望着懷中的寶寶，倍感安慰，之前經歷的痛楚也是過眼雲煙了。不過她的雙腳因用力過度，累得失去知覺，無法用力，她笑言「好似唔係自己對腳」！

Pregnancy Progress

1st follow:
13-16 weeks

2nd follow:
17-20 weeks

3rd follow:
21-24 weeks

4th follow:
25-28 weeks

5th follow:
29-32 weeks

6th follow:
33-37 weeks

照顧順利上手

由於寶寶出世時過於低溫，需要放保溫箱觀察一陣子，便隨 Ceci 出院。在照顧寶寶上，Ceci 覺得第二胎比較快上手，比照顧第一胎時更順利，只是一開始要待寶寶退黃，讓她有點擔心。Ceci 以母乳餵哺二胎，有了上胎的經驗，她認為自己「餵奶餵得更好，熟習到瞓住都餵到奶」，而且老公都懂得「自動波」幫手，不用 Ceci 的提點。另外有家人來幫忙煲薑水，為幫寶寶洗澡，實在是減輕了不少負擔。

大女愛與妹妹玩

Ceci 認為大女做了姐姐後，自覺身上多了一份責任感，變得更懂事，會幫忙取尿片及掉棄用過的尿片。大囡非常愛錫妹妹，與她形影不離，如「糖黐豆」般，常常在床邊叫喚「妹妹」，希望妹妹與她玩樂，妹妹睡覺時都會輕撫她的小臉蛋。不過妹妹仍是初生寶寶，目前只會吃飯及睡覺，不能陪伴姐姐玩耍呢！

Pregnancy Memories...

兩位寶貝一齊午睡,媽媽終於可以放空 MeTime 一下。

最鍾意稀實二寶嘅小 JM。

爸爸沖涼最舒服,唔扭唔喊,仲好讚嘆。

家姐話要請爸爸飲茶,仲出動到私己錢埋單㖭!   寶寶出世了!

生第2胎
湊成好字

孕媽 Profile

Helen
職業：模特兒、全職媽媽
愛好：攝影、睇戲、滑雪
喜歡食物：朱古力、雪糕、
刺身
大仔 Jaco
出生日期：1/8/2016
細女 Jodie
出生日期：26/5/2020

　　Helen 媽媽於 2020 年 5 月誕下女兒，她直言要一邊陀 B，一邊湊 3 歲的兒子十分辛苦，兒子 Jaco 比較「黐身」，她本來正煩惱要如何讓 Jaco 接受妹妹的來臨，正好發生了一件奇妙的事，讓有信仰的她感到是主幫了她一把，我們一起看看 Helen 懷孕期間發生的事吧！

媽媽 Helen 育有一子一女，原本從事模特兒工作的她，為了能更好照顧兩名子而女成為全職媽媽，她感嘆自己為家庭也放棄不少，十分希望自己的子女能健康快樂成長，有見近年的社會狀況，她也表現出擔心子女的將來，有信仰的她只好祈禱希望神能帶領他們平安成長。

幸運事：喜添女兒

大仔 Jaco 三、四歲時，Helen 和老公都覺得 Jaco 只有自己一個人會很悶，加上兒子也脫離幼兒需要日夜看顧的時期，所以兩人都有計劃生第二胎，心裏都希望生個女兒，湊成一個「好」字，當 Helen 問 Jaco 意見時，他也説自己想要個妹妹呢！不知道是否一家人的日夜祈禱，Helen 在不久後便發現自己懷上第二胎，經檢查後得知是女兒更是喜出望外。來到第二胎，Helen 坦言沒有上一胎緊張，加上要照顧 Jaco 更是無法做事小心翼翼。自從成為媽媽後，Helen 也堅強不少，笑説：「第二胎比較天生天養，順其自然就好。」

擔心事：哥哥呷醋

大仔 Jaco 很黏媽媽，佔有慾也強，Helen 説擔心他會呷妹妹的醋。果不其然，雖然 Jaco 一開始表示想要妹妹，但當看着媽媽肚子一天天變大，可能是意識到媽媽從此就不只照顧自己，還要照顧妹妹，Jaco 開始會滿懷醋意地對媽媽説「不想妹妹這麼快出來」，Helen 當然立即緊張起來，想辦法向 Jaco 解釋妹妹並不會奪走媽媽對他的愛，並與他一同觀看手機 app 的「懷孕日記」，跟 Jaco 看模擬圖講解妹妹的成長狀況，例如「今個星期妹妹的指甲長出來了」、「能看到小手板」之類，培養他對妹妹的感情，希望減低 Jaco 對妹妹出世的抗拒。

感恩事：主的安排

雖然 Helen 已努力向 Jaco 説明將要成為哥哥是怎樣一回事，但始終難以完全令小朋友明白媽媽的心思。就在此時，發生了一件 Helen 覺得很奇妙的事。有天她巧遇了一個平常很少見的鄰居，鄰居竟然帶着一個 BB，Helen 説在此之前她沒發現這個鄰居有 BB，然後閒聊時，鄰居順勢跟 Jaco 説 BB 是怎樣的，會常常哭，也要常常抱住，Jaco 看到後也説：「所以不可以覺得 BB 煩。」

Helen 曾擔心兒子 Jaco 會呼醋。

可能這件事由 Helen 説會令 Jaco 覺得媽媽有「私心」，偏袒妹妹，但由別人説反而令 Jaco 比較信服，令 Helen 鬆了一口氣，感嘆道：「我覺得這是主的安排。」

蝦碌事：食蛋嘔 4 次

　　Helen 表示幸好自己並無太嚴重的妊娠反應，她説看到其他媽媽會孕吐，想吃又不一定吃到，吃完了還可能會反胃，真替她們辛苦。然而，沒想到一向食慾良好、腸胃正常的她卻被一隻蛋弄得狂嘔不止。那天 Helen 吃了一隻茶葉蛋便打算出門去長輩家，但才剛想踏出家門，便已感到胃部傳來異樣感覺，突然反胃，只好立即衝入廁所嘔，沒想到最後卻嘔了四次才讓腸胃感覺回復正常。「幸好未出門，不然出到街想嘔都不知怎麼辦！」説及此，Helen 都表示孕媽媽要小心飲食，可能腸胃變得較敏感，即使平時可以吃的，懷孕時吃都可能出問題。

bebegene® 寶貝基因篩查

- 全面檢查>120項常見及罕見基因相關疾病風險
- 簡單收集口腔拭子樣本，及早察覺基因風險
- 沒有年齡限制，基因風險一目了然
- 精準基因技術，檢測250,000基因點
- CLIA認證實驗室進行分析
- 詳細報告及跟進建議

學習及智力障礙

過度活躍症

自閉症

濕疹

鼻敏感

哮喘

借精生子
40歲做單身媽媽

「單身媽媽」Arwen 手持幾個專業證書，身懷多技，卻未能覓得合適對象，遲遲未組織家庭，直至 40 歲高齡才想要小朋友，可是因卵巢指數早衰而無法做冷藏卵子，加上是單身，她只能到美國接受人工受孕，踏上「求子之路」。

孕媽 Profile

Arwen
生產年齡：40 歲
職業：全職媽媽
生產國家：美國
生產方式：人工受孕
BB 性別：男

> "失落、失敗、失望在我身上不停地發生。我相信只要堅持，總有一天緣份會來到你身邊。"

孩子對於許多父母來說，都是「得來不易」的禮物，有些人幸運地「一擊即中」，有些人卻是徒勞無功，屢試屢敗。對於「單身媽媽」Arwen 來說，孩子是她個人的心血結晶，是一份難能可貴的禮物。出身於單親家庭的 Arwen，由媽媽獨自養大四姊妹，因此 Arwen 相信自己能一人分飾兩角，加上有媽媽及妹妹的支持，給孩子一個健康完整的成長環境。

與大部份都市人一樣，Arwen 一直忙於工作，營營役役，雖然喜歡小朋友，但由於未組織家庭，生育計劃便一拖再拖，直到 40 歲高齡，她驚覺是時候要為將來打算，萌生起冷藏卵子的念頭，希望留下日後懷孕的機會。不過事與願違，醫生告知 Arwen 出現卵巢指數早衰的問題，即使冷藏卵子，抽到卵子的數字不多之餘，存活率亦不高。

尋找他鄉的精子

不過 Arwen 並沒有因而放棄，她與家人商量並得到他們的支持後，決心做個「單身媽媽」。而根據香港法律，只有合法結婚的異性伴侶才能接受人工受孕，因此 Arwen 毅然飛去美國，踏上「借精生子之旅」。為了調理身體，Arwen 先四處求醫及進食補充品，覓盡方法以提高卵巢功能。她準備足足一年後，體內的 AMH 指數，即是「抗穆氏管荷爾蒙」，這是評估卵子庫存量最重要的指標，已大大提升，身體進入狀態，她的努力終於有成果，讓她感到喜出望外。

Arwen 憶起接受人工受孕的過程，大概是她一生中最難忘的經歷，首先是要選擇「借精」的對象、國籍等，再來是備孕及做配對，預約時間將囊胚植入身體。Arwen 透露當時一共抽到 7 顆成熟卵泡，經篩查後有 3 個囊胚可以植入，過程簡單迅速，Arwen 開始迎接她體內的小生命。

孕期歷盡艱辛

為了要安胎，成功受孕後的 Arwen 需要每日注射黃體酮針兩次，這是孕婦維持妊娠的天然孕激素，若不足會導致胚胎的妊娠

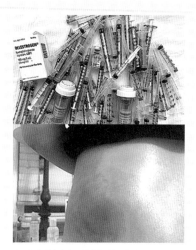

Arwen 打針在皮膚上形成的硬結，需要3至4天才會
軟化散開。

Arwen 在求子路上障礙重重。

率下降，以及增加胎兒流產率，所以需要隔日注射一次雌激素針。
注射導致她腰部位置的微絲血管爆裂及出現硬塊，即使傷口未復
原依然要注射，Arwen 慨嘆「最慘是自己幫自己注射，皮膚滿是
針孔，如果針筒無法插入皮膚，便要重新找位置再打」，針孔滿
佈 Arwen 的皮膚上，密密麻麻猶如天上的繁星。

孕期的挑戰接踵而來，Arwen 忍受過注射黃體酮針的折磨後，
接下來便是面對不同的孕期反應。她經歷過「爛面」、皮膚病「妊
娠搔癢性蕁麻疹」以及「生蛇」，妊娠性蕁麻疹分佈在肚皮及四
肢，令她痕癢得輾轉反側，無法入睡。其間 Arwen 亦試過有「見
血」現象，醫生指她的胎盤和子宮有分離的狀況，需要按時用藥
及臥床休息，嚇得 Arwen 心驚膽跳，幸好最後都順利誕下寶寶，
正式成為人母。

家人朋友陪伴度過難關

與許多媽媽一樣，Arwen 在求子路上障礙重重，雖然沒有另
一半，但她慶幸自己不是孤身作戰，她身邊有位營養師朋友，在

有了寶寶的出現，令 Arwen 的人生起了變化。

美國時悉心照料她，而妹妹不但每次陪她去產檢，更有陪產。
即使寶寶出世後，家人的照顧仍是無微不至，讓她感到安心，
Arwen 指「你不會覺得孤獨，因為有人同你一齊行」，問及日後
如何跟孩子解釋爸爸的身份，Arwen 打算待孩子長大一點後，才
告知他。

　　有了寶寶的出現，令 Arwen 的人生起了變化，讓她重新思索
自己的責任，會去想如何給孩子快樂的成長環境、培育他的潛能。
雖然孩子得來不易，亦不是説做就做到的挑戰，之前曾擔心過如
何帶着孩子，日後另一半會否介意，但她此刻認為有孩子便足矣，
有否另一半不是問題，孩子給她的是一種言語無法形容的幸福。

疫情下
驚險懷孕記

孕媽 Profile

Katie

大仔：鑽石仔
出生日期：26/3/2018
出生體重：2.9kg
滿月體重：3.94kg

細女：小湯圓
出生日期：8/2/2020
出生體重：3kg
滿月體重：4kg

　　相信大家在疫症爆發後，生活都有各種程度上的改變，很多孕媽媽也盡量留在家中，減低患上疫症的風險，但遇上產檢期又不得不外出，還要到醫院這種高危的地方，想必也令大家膽戰心驚。本文主角 Katie 剛經歷了在疫情期中生產，我們來看看她在醫院的難忘防疫生產記吧！

Katie 育有一子一女。

Katie 育有一子一女，二胎都遇到意外。第一胎原準備順產的她，因催生時胎兒突然心跳下降，需立即改為緊急開刀，幸最後有驚無險。懷上第二胎的她一心想着今次要順順利利，打算穩陣起見選擇剖腹產子，但想不到預產期快到時就碰上肺炎大爆發。在懷孕期間，個性多愁善感的她也有不少有趣的感受和應對挑戰的經歷，我們一起來看看 Katie 的懷孕故事。

最蝦碌：不小心跌倒

Katie 在第一次懷孕前期，幾乎無法相信自己肚中真的有一個小生命，整件事沒有太大的實在感，但她說自己的確在第一胎時特別小心，戒口戒得好清，出入也特別小心，留意很多關於孕婦的資訊，讓自己的孕期更順利安全。但她回想起自己一件蝦碌事，「有一天從廁所出來，一瞬間沒理由就跌在地上，也不知道是滑倒還是腳軟……」她回想時也不禁笑説自己十分迷茫，幸好過幾天產檢並沒驗出甚麼大礙。

最感動：聽到 BB 心跳

「每次去產檢聽到 BB 的心跳都會覺得好神奇，自己的肚中

竟然會有另一個生命的心跳。」Katie 回憶起第一次聽到 BB 心跳的瞬間，頓時感覺到生命的奇妙，自己的生命在創造出第二個生命。她每次去產檢時，聽醫生描述小小的胚胎如何成長，開始發育出手手腳腳、眼耳口鼻，就會不自覺感慨自己竟然賦予了一個新生命，亦十分期待 BB 來到世上和爸爸媽媽見面。

最艱辛：病倒恥骨痛

Katie 第二胎的懷孕過程尚算順利，除了有輕微的妊娠反應和脫髮問題，也沒甚麼大礙，只是在第二胎懷孕後期突然病倒，兩星期咳不停，而且沒想到這竟然引起了強烈的恥骨痛，「我第一胎的時候完全沒有感受過恥骨痛，沒想到會這麼痛苦。」Katie 說那兩個星期她恥骨三角位經常痛到無法入睡，甚至起床時會覺得恥骨位置附近有甚麼想掉下來的感覺，十分可怕！然而，即使這樣她也沒有服食西藥，她為了 BB 的健康，決定以食療和保健食品調理身體，堅持了一個月才完全康復。

最擔心：老公不能陪產

生產這樣一件大事，有親人在身邊陪伴無礙會給孕媽媽很大的鼓勵，Katie 生第一胎時因為緊急開刀，本來老公有來陪產，最後也因情況太危急而在生產後才進產房。而今次第二胎碰上疫情，老公能不能來陪產成為 Katie 最擔心的問題之一，因為她不僅希望老公陪她度過這重要的時刻，更希望最相信的人在旁守護着她，幸好醫院方面也安排得很好，不但能讓 Katie 老公陪產，在生產後還讓他們抱着 BB 拍了一張照片留念呢！

最驚險：戴口罩生產

Katie 坦言自己個性比較易緊張，回想起第一胎緊急開刀，不知道中了甚麼霉運，不但在麻醉時捱了兩針才成功，她更害怕得在生產過程中不斷作嘔，結果要「邊嘔邊生」，現在也心有餘悸。

今次撞上疫情爆發，在疫情初期已小心防疫的 Katie，十分擔心去醫院做產檢會增加受感染的風險，更擔心醫院因疫情政策會有變動，好不容易做好的心理準備在預產期快到時又被破壞。疫情下進醫院生 BB，她不禁擔心會有風險、BB 出生後會不會受感染之類的問題，但也別無他法，惟有在入院後勤消毒、洗手。她在住院期間也非常小心，除了食飯除口罩透透氣，連睡覺都戴住

口罩，她直言真的相當難忘。

　　「最難忘是要戴住口罩生 BB，雖然醫護人員也會戴口罩，但安心起見，我也有戴上。」因為 Katie 是剖腹生產，半麻醉的狀態下她保持清醒，但在醫院緊張的氣氛下，時間好像過得特別漫長，她說幸好自己是剖腹產，不用像順產般用力，不然應該會很辛苦。

Katie 最難忘是要戴住口罩生 BB。

台女嫁港男
生仔超級痛

孕媽 Profile

Amy
BB 全名：曹愷宗
BB 乳名：小阿皮
出生日期：2019年11月21日
出生體重：3.5kg
滿月體重：5.6kg

　　Amy 由台灣到澳洲工作假期時，認識了來自香港的現任老公，經歷兩年的異地戀後，兩人決定「拉埋天窗」，並且於 2019 年誕下豬寶寶，一起來看看 Amy 的懷孕經歷吧。

Amy 是台灣新竹人，她來香港定居已有數載，交談時亦能以流利、但仍帶點口音的廣東話對話。她透露在澳洲工作假期認識現任老公，一起工作時，留意到有位香港男子對自己有意思，可是 Amy 當時對此不以為意。後來眾人開始環澳遊一個月，她經過暗中觀察後，發現他為人特別細心、溫柔、沒有脾氣，與性急的自己一拍即合，漸漸芳心暗許。

兩人交往後經歷了兩年的異地戀，才決定結婚，Amy 認定他是「命中注定的一個」，不惜由台灣嫁來香港，重新開始生活。他們結婚兩年後計劃懷孕，打算追個豬寶寶，嘗試 3 個月便成功了，見到驗孕棒是雙線那刻，Amy 指兩人又驚又喜，不禁抱在一起哭，笑言「好可怕，沒有自由了」。

孕吐兼情緒敏感

許多媽媽於孕後都有不同程度的妊娠反應，Amy 指懷孕早期時，自己有嚴重的孕吐，「晚上吃完都吐出來，早上也沒有胃口，都是硬塞麵包」，但由於營養不均，「只胖了自己，沒有胖胎兒」，後來聽從醫生建議才成功長胎。

Amy 自感孕後身材變胖，像個氣球般脹起，情緒因此變得敏感，連老公開玩笑指自己變醜了，Amy 都會流眼淚，認為老公的話是認真的。不過老公對 Amy 百般呵護，又買酸的食物給她解饞，為她按摩，外出上下樓梯都會扶着她，Amy 笑言老公比自己還要小心呢！

寶寶遲一星期出世

來到懷孕後期，Amy 有睡不好的情況，因為寶寶會踢自己，而且到預產期寶寶仍未有作動，於是她去打羽毛球及籃球，希望寶寶快點出生。

距離預產期一星期後，Amy 羊水穿了，但隔 12 小時後寶寶仍未出來，因此需要打催生針，再用吸盤吸寶寶出來，Amy 指「裝吸管進去時超級痛，痛到無法用力，痛死了」。可惜老公在用吸盤時不能陪產，無法參與剪臍帶的過程。

大頭蝦錯過檢查

Amy 在懷孕時特地預約了台灣的醫院做照結構檢查，因為價錢比香港便宜一大截。可是，她卻記錯了預約時間，因此錯過該

Amy 的生產過程絕不容易。

次檢查，回到香港要以更貴的價錢做檢查，懊惱的 Amy 指當時「特別生氣，因為是特地坐飛機回去」。

後記

Amy 是適應能力很強的人，她認為在台灣跟香港生活的分別不大，而且在短時間內學會廣東話，更在香港找到工作，融入本地生活。她透露自己是從書本、看電視劇及新聞學懂廣東話，指「有 9 成都聽得明，除非是很 local 的字眼。」

不過，Amy 認為香港的茶記文化令她感到新奇，她指去茶餐廳吃午餐時，發現侍應在客人點餐時都不太耐煩，「未想好吃甚麼就要好快落單，又會擺臭臉，未食完的食物就被人收走了。」 不過在疫情之下，餐廳人流稀少，客人應該可以慢慢用餐了。

已有五個小孩
再陀第6胎

孕媽 Profile

Korbut

職業： 全職媽媽、6A 品格認證
　　　 講師、親子教育專家
子女資料：
大女：天愛 (12 歲)
二子：天賜 (10 歲)
三女：天恩 (9 歲)
四女：天諾 (5 歲)
五子：天禧 (3 歲)
六女：2017 年 12 月出生

　　「兩個就夠晒數」，在宣傳計劃生育的年代，家計會就製作了這個膾炙人口的廣告，所以到了今時今日，大部份家庭都只有一、兩個孩子。本文的媽媽 Korbut，竟育有五名孩子，更開設了名為「五個小孩的媽媽」的 Facebook 專頁，分享育兒心得。2017 年，她更懷上了第六個孩子，準備榮升六個小孩的媽媽。就讓 Korbut 分享她的懷孕歷程，和與五個孩子相處的點滴吧！

Korbut 將由七人大家庭，變成八人大家庭。

意外的禮物

生於有四名兄弟姊妹家庭的 Korbut，深明有兄弟姊妹的好處，所以一開始就計劃要四個孩子，「我覺得兄弟姊妹是孩子的資產，因為到了今時今日，我們兄弟姊妹的感情依然很好，有甚麼事都會兩脅插刀，大家赴湯蹈火地幫忙，這我覺得沒有其他東西可以取代。」Korbut 指，自己向來非常樂觀，即使天要塌下來也不會怕的那種；由於與丈夫一開始就只計劃要四個孩子，意外懷上第五胎時，Korbut 和丈夫感到十分憂慮，甚至曾衍生過不誕下五么的念頭。後來，兩夫婦見了自己神學院的牧師，得到了啟發，「見完牧師後，我丈夫的回應是，原來我們想像的困難是大於真正要面對的，於是我就很樂意地誕下了細仔天禧。」透過這次經歷，Korbut 寄語一眾媽媽，遇到困難和不快的事情時，要多跟別人分享，最後總能找到事情的解決方法。

丈夫關心暖在心

在誕下第五胎後，Korbut 今年再次意外懷孕，不過今次她以豁達的心態面對，覺得有五個或六個孩子的分別也不會很大。相反，丈夫今次的反應讓 Korbut 十分驚喜，「我丈夫今次沒有表示不接納，他只是擔心地問：『你年紀也大了，你身體負荷得到

Korbut 家中有個頗大的遊戲室，讓孩子在有空時可玩樂一番。

嗎？』我聽到後覺得很 sweet，他不是關注自己，而是在關注你。」Korbut 對丈夫的這個反應溫暖在心頭，亦因而認為準爸爸對準媽媽的體諒也十分重要，例如孕媽媽較易感勞累，需要較長時間的休息和睡眠，準爸爸就應該理解這些是懷孕後身體變化的其中一種，接納、支持並體諒孕媽媽的需要。

體力不勝以往

經歷多次懷孕，Korbut 已熟知懷孕時的身體變化，而每次她都覺得懷孕初期是最辛苦，總會作嘔作悶，今胎也不例外。每當她感到噁心不適時，就會塗點乳香油，可以幫助紓緩作嘔的感覺。Korbut 坦言，隨着年紀漸長，懷每一胎時體力都不勝以往。她笑言，懷第一胎時她甚至可以追巴士，現在則多走步路也會氣喘吁吁。另外，現時她亦需要更多的睡眠時間，以往清晨六時多起床後，可以一直工作至晚上十一時；現在則要在工作的間隙中，爭取時間小睡一刻。

冷靜待產

Korbut 以往都是順產誕下五個孩子，今次亦繼續選擇順產，

因為這是最自然的生產方法。作為一個富有經驗的媽媽，Korbut
待產期間已不會緊張，而且覺得預產期在眨眼間便會來臨。第一、
二胎時，她會急着問親友有否 BB 用品，又會到不同的 BB 展覽；
從第三胎開始，她理解到不用特意去這些展覽，寧願多花些時間
和注意力在照顧孩子身上。由於體力不佳，Korbut 希望可以減少
操勞，吃好些和睡好些，保持最佳狀態讓胎兒可健康成長。另外，
Korbut 懷每胎也有游泳的習慣，每星期都會游一次，今胎亦會去
游。不過，她笑言由於本來不打算再生育，已將孕婦泳衣轉贈朋
友，所以今次要再買才可以去游泳。

多與子女聊天

當孩子數量增加了的時候，家長難免要處理兄弟姊妹間的呷
醋情況。不過 Korbut 卻表示，每個孩子都反映，覺得媽媽最疼的
是自己。Korbut 強調，與每個孩子享有特別的相處時間十分重要，
「我會特意去接孩子一起逛街，有時又會約他們，沿途可以跟孩
子一起聊天。另外，當與孩子一起的時候，千萬不要時常拿着手
機，尤其是吃飯時，一家人吃飯是寶貴的溝通時間。再者，亦要
維持有一家人的玩樂時間，不過就要好好安排，因為要找到一個
大家都可以的時間，而長子和次子的年齡差別亦要兼顧，所以會
玩一些大家都可以玩的遊戲，例如 uno。」

多抽空陪孩子

不久之前，Korbut 仍是全職上班族，難以抽空陪伴孩子。因
此，她毅然辭去工作，當上全職媽媽，為的就是多陪孩子。不過，
作為五子之母，在安排子女的上學時間時，也要經過深思熟慮，
「有人問我要不要給較小的孩子轉上午班，我說不要，因為年長
的孩子上午上學後，我就可以陪伴年幼的孩子。如果他們也去上
上午班，放學時間我要兼顧其他孩子的功課，幼子就不會有人理。
因此，家長亦要按自己的作息安排時間。」

讓孩子學照顧自己

家中小孩太多，Korbut 一人也忙不過來，所以家中有請傭人。
Korbut 提醒，家長要避免傭人過份幫助孩子，否則日後他們便難
以學會自理。因此，Korbut 會清楚地向孩子說明，傭人是僱來幫
她的忙，而非任孩子差遣。因此，孩子都能有分寸地照料好自己。

4次流產

終圓產子夢

孕媽 Profile

Jenni
姐姐
Sharon Bonna
出生日期：27/3/2012
弟弟
Julian Lucas
出生日期：1/6/2018

　　相信所有孕媽媽每天都期盼着與小生命見面的一天，但有時天意弄人，小生命未能與媽媽見面，就被帶到天堂。經歷過流產的媽媽都會明白，是一種切膚之痛，Jenni是個經歷過4次流產的媽媽，她希望與各位孕媽媽或預備成為媽媽的你分享，流產不是末日，堅持終見曙光。

"不要因為一次失敗就氣餒，因為真的會有奇蹟。"

Jenni 的懷孕之路可謂一波三折。　　　　*Jenni 笑說追第二胎才是真正的考驗。*

Jenni 在成功懷上人女前，已經試過流產一次，當時第一次懷孕初期檢查時，醫生已跟她說胎兒多半保不住了，她當時用盡方法試圖保住 BB，卻也徒勞無功。然而後來下一胎比想像中順利，Jenni 懷了第二胎時還後知後覺，去了海洋公園玩過山車，但下來後很不舒服，覺得心跳好快，很想嘔，本來以為只是普通感冒，但突然驚覺已經一段時間沒來月經，就去了看醫生驗孕，原來已經 6 周了，當時孕吐嚴重，甚至嘔到面上微絲血管都爆了，但 Jenni 笑說原來這都只是「小兒料」，追第二胎才是真正的考驗。

慣性流產

Jenni 一直都想生兩個 BB，想不到卻遭遇到一次又一次噩夢般的經歷。在大女出生後，Jenni 很快又有了身孕，但胎兒不到三個月就離開了她，其後再有身孕，同樣的事又再度發生。她在 6 個星期時去做產檢，發現有懷孕指數卻沒有胚胎，醫生照到子宮頸有「東西」，而且 Jenni 在這次懷孕初期一直流血不止。為了檢查清楚胎兒狀況，Jenni 要安排抽血檢查，但她出血不止，要先回家等血止住才能進行。然而，Jenni 的血只有越流越多，

令她虛弱又不安。

　　不久後，姑娘竟致電她要她立即入院，發現她的懷孕指數倍增，很大可能是宮頸孕之類的問題，到晚上竟已流了十桶血，翌日她因失血過多導致呼吸困難，情況危急，再照超聲波發現胚胎在子宮頸夾住，必須吸出來，不然 Jenni 也會有生命危險，手術最壞的情況要切除整個子宮，這意味着她不可能再生小朋友，Jenni 苦苦哀求醫生保住她的子宮。不幸中的大幸，她最後子宮保住了，但面臨的卻是第四次流產。在四次痛失胎兒後，她百思不得其解，曾鑽牛角尖想是否自己或老公的身體問題，導致胎兒保不住，但經過無數次的身體檢查，Jenni 和其老公的身體都沒有異常。

一波三折

　　經歷四次流產後，Jenni 沒有過份沉溺在悲傷中，抱住平常心繼續嘗試，結果，像懷上大女那次一樣，Jenni 為了月經不止去看中醫時，才得知又有了身孕。當時她也不抱太大期望，但一直跟進她案例的婦產科醫生竟然告訴她這次「得」，她才又重拾希望。然而，自上次流產 Jenni 跨過鬼門關後，這次仍是一波三折。每次懷孕，Jenni 都會出血難止，這次同樣，連小便也會出很多血。Jenni 大半孕期都不停流血，每天都流，醫生甚至跟她說不用卧床，反正她因宮頸孕受刺激都會一直流血。除了流血不止，Jenni 後來又發現子宮有瘜肉，要服用安胎藥保胎。努力到四個月時，Jenni 又因為子宮不斷收縮要改食血壓藥控制，且其後不停加藥，心跳甚至加劇到每分鐘 120 下，原來她先天有三條微血管阻塞，加上懷孕刺激心臟，導致心律不正。她感嘆說：「100 個人只有一個才會。」

　　幸好，Jenni 的努力沒有白費，醫生認為今胎的體形是樂觀的，甚至比大女那時還好，Jenni 只好相信醫生說「得就得」。終於捱過 6 個月，不再出血，想不到 7 個月時弟弟作弄 Jenni，有一天她突然肚痛，檢查後發現竟然是早產徵兆，她為了讓弟弟不要太早出世，器官發育不全，惟有吃藥延後弟弟的出世時間，終又多撐了兩個月，入產房時，護士還笑說「你終於生得出了」。然而，這還沒完，Jenni 選擇開刀生產，要半身麻醉，但不知為何無法入針，結果打了四次才成功麻醉。Jenny 苦盡甘來，終迎來弟弟的出生。

Jenni 經過困難重重的經歷，誕下一子一女。

不要氣餒

經過困難重重的經歷，Jenni 終得一女一子，完成了擁有兩個小朋友的夢想。她說現在朋友懷孕時有問題都會找她商量，她也會鼓勵朋友要樂觀面對，Jenni 笑言自己的個性是決定了就要完成，除非醫生告訴她不可能再生小朋友，她才會接受，不然也會一直嘗試。她甚至中途試過去人工受孕，但對方聽過她的經歷後拒絕，因為她並不是懷不上胎兒，只是胎兒留不久而已。其後她也試過很多偏方，笑說倒吊也聽過，但其實胎兒保住與否真的是個緣份，他要留就留，要走也沒辦法。她鼓勵媽媽即使流產也不要氣餒，更不要責怪自己或老公，只要不放棄，終有一天會成功。她跟各位孕媽媽說，BB 與你是會有個心靈感應，不妨多跟腹中孩子說話，感受他在你肚子裏的活動，自己也會安心一點。

驚險開刀
大出血

孕媽 Profile

Icy

職業：文職

生產方式：剖腹

BB 全名：陳頌仁

BB 乳名：Bosco

性別：男

出生日期：19/1/2020

　　Icy 的孕期一切順利，怎料到生產一刻驚險萬分，因開刀位置太近大血管，結果導致 Icy 大失血，要馬上接受輸血，連老公也嚇得要求醫生用他的血，幸好經醫護人員的努力，最後母子都平安。

所謂「好事成雙」，Icy 在誕下大仔之後，希望再懷上第二胎，讓兩個孩子可以互相陪伴。於是她在大仔 3 歲時再度懷孕，兩個孩子之間相差 2 至 3 歲正如理想。而 Icy 起初也希望第二胎是女孩，便可湊成一個「好」字，不過第二胎仍是男孩！

懷孕期間，妊娠反應完全沒有出現在 Icy 身上，她行走自如，飲食亦正常，唯一問題是胎兒偏小，因此產檢安排要更頻密，需要每隔兩星期去一趟，以監察胎兒的發育情況。Icy 坦言當時都擔心胎兒「長不大」，令她有點心理壓力。為了寶寶的健康，她多吃花膠、牛奶及滴雞精等營養豐富的食物。幸好寶寶出世後，健康情況合乎生長線，而醫生也稱沒有問題，Icy 才放下心頭大石。

開刀生產大失血

雖然懷胎過程一直順利，不過 Icy 在生產一刻卻驚險萬分。由於 Icy 怕痛，她選擇了開刀生產，她憶起當時半夜肚痛，老公馬上陪她入醫院，而她的宮頸已開了兩至三度，馬上可開刀取出胎兒。醫生為她打了半身麻醉藥後，麻醉的功效卻沒有發揮作用，Icy 的腳部仍是有知覺，於是她要接受全身麻醉以繼續生產。

當萬事俱備，開始手術之時，開刀的位置過於接近大血管，瞬間血流如注，情況緊急之下，醫生即時為 Icy 輸兩包血。老公得知更嚇得如電視劇情節般説道：「不夠的話用我的 O+ 型血吧！」Icy 最後安然誕下寶寶，母子平安，她只記得產後醒來才知道來龍去脈，精神狀態仍是恍惚，在加護病房休養了幾天。

為了慰勞 Icy 的「大出血日」，老公決定將這一天訂為「爸爸大出血日」，Icy 可用老公的信用卡無上限消費，作為她的禮物。當編者問到 Icy 想要甚麼禮物時，她説「一家人開開心心就夠」，家庭溫暖果然勝過一切。

產後遇上疫情

Icy 的生產日在 2020 年 1 月，當時疫情在香港剛剛爆發，雖然 Icy 大失血需要留院觀察，但由於院內接收了確診病人，導致人心惶惶，Icy 也不敢多留，提早出院。可是寶寶出世後有黃疸的問題，需要隔日回到醫院覆診，令 Icy 甚是憂慮，擔心受到感染。她出入小心翼翼，只乘坐的士以避開人群，寶寶無法戴口罩，Icy 以布輕輕蓋着寶寶的臉部，也為嬰兒車加上外罩，做足所有防疫措施。Icy 感慨幸好在疫情之初誕下寶寶，要不然整個

Icy 為寶寶取名為陳頌仁，寓意兼備仁義禮智，充滿仁愛，才能仁者無敵。

孕期更要提心吊膽。

大仔為弟弟呷醋

　　寶寶出世後受到家人的萬分關注及照顧，不免令大仔感到呷醋，例如 Icy 抱着弟弟時，大仔也想媽媽抱他，而且聽到親戚的「弟弟出世，爸媽可能沒有空理你了」一番說話，令哥哥有不安的情緒。為了安撫大仔，Icy 決定與爸爸分工合作，由爸爸主力照顧他，帶他去街玩樂，讓他感受到爸媽的關愛，情況漸漸有改善後，哥哥更會幫忙照顧弟弟，Icy 甚感欣慰。

DISNEY
World of English
迪士尼美語世界

Mickey and Minnie are clapping.

讓寶寶從此愛上英語

立即掃描QR Code
享受免費線上體驗

 2268 1342　　 www.worldfamily.com.hk　　 World Family Hong Kong

 World Family

孕期反應
孕吐見血

孕媽 Profile

Onus
職業：獸醫診所護士
預產期：14/7/2020

　　Onus 剛懷第一胎，但已深深體會到懷孕並不是一件簡單的事，不停要食藥控制嚴重的孕吐反應，更因胃氣過多而經常打嗝，幸她天性樂觀堅強，仍保持心境愉快面對孕期挑戰！

Onus 沒想到這麼快「中獎」。

Onus 肚中的寶寶來得突然，但由於她喜歡小朋友，都有生兒育女的打算，故此對她來說都是個意料之外的大喜訊，只是沒想到來得那麼快。她說身邊也有親戚因家庭比較傳統，有添男丁的壓力，雖然自己沒有這個問題，但她本來比較偏好男孩，也曾想過第一胎是兒子的話，就不用再急着生第二胎追仔。不過 Onus 表示無論是男是女，只要是自己的孩子，她都會一樣疼惜。今胎驗出是女兒，她也樂觀地說：「不要緊，女兒可能比較乖，較易湊，沒有男孩子那麼頑皮。」

孕吐嘔出血

懷第一胎的 Onus，在沒有充分的心理準備下便要「迎接」可怕的孕期反應。過兩個月便可「卸貨」的她滿懷辛酸地道：「一開始有了寶寶後的三個月就經常嘔，令我要整天拿着嘔吐袋，黃膽水都嘔完後，血也嘔過，感覺胃都掏空了。我覺得整個孕期不

*肚中的**寶寶**讓 Onus 意識到，以後不只照顧自己，更要對另一個生命負責。*

舒服的事都經歷過了。」她說為了能睡好，每天也要吃一至兩次胃藥，尤其睡前一定要吃，不然睡到半夜就會有火燒心的感覺，「凌晨要起來嘔真的很慘。」Onus 回想起半夜孕吐的經歷心有餘悸。

除了孕吐，Onus 有另一個孕期反應令她非常困擾，就是不停打嗝，懷孕後她一直肚脹、胃氣多，間中就無法控制地打嗝。而且這個問題持續了整個孕期，直到現在都沒有停止。她尷尬地回憶起：「因為懷孕後無法抑制打嗝，有次甚至在街上打了一個很響亮的嗝，被街上的人側目，尷尬死了。」而且問過很多醫生都沒有特別有效的解決方法，開了胃藥、止嘔藥都是治標不治本，

最後都只是建議她少吃酸的食物，最好少食多餐，減少胃氣，她也只能安慰自己這是懷孕媽媽的挑戰。

懷孕反而變瘦

孕媽媽口味會轉變是耳熟能詳的事，但孕期變瘦就很少見了。Onus 就是其中少數的例子，「我懷孕前是無辣不歡、吃重口味的人，很喜歡吃東西，但因為孕期口味變得很快，我反而吃少了，應該說是不能吃那麼多，自動吃得很清淡，也無法吃濃味的食物，加上孕吐，所以反而瘦了。」一個喜歡吃東西的人，突然無法吃自己喜歡的食物一般都會心情沮喪，幸 Onus 個性樂觀，認為自己除了嘔和打嗝，沒其他不適都算幸運，也不會因此而心情鬱悶。

有趣的是，孕期的不適並沒有令她精神不振，「真的很奇怪，明明半夜嘔完，早上仍『鬼打咁精神』。」她笑說雖嘔吐不舒服，但幸好沒有影響其白天的生活，仍可正常上班，也沒有其他身體毛病或疼痛的問題。Onus 本來從事寵物醫療的工作，沒有太多體力勞動，除了暫停照 X-ray 的部份外，懷孕沒有特別影響工作，同事們也很友善，會體諒她懷孕的辛苦來幫忙。Onus 說自己會工作到放產假，不打算留在家中養尊處優，真是位堅強的媽媽呢！

當媽媽責任重大

Onus 坦言懷孕是件苦差，所以不適都只能照單全收，獨自面對，但懷孕的挑戰令她深深體會到成為媽媽的責任，以後不是只照顧自己，更要照顧一個新生命。如孕吐的經歷，她一方面要調整自己的心態堅強面對，另一方面要擔憂寶寶是否吸收到足夠營養，更要四出尋找方法、營養補充品，希望寶寶長大些。從懷上寶寶開始，自己的行動要顧及寶寶的將來，令她意識到身為媽媽的責任重大，懷孕的經歷為其先上了一堂「育兒課」。

談到疫情問題，Onus 表示不擔心疫情，只擔心老公不能陪產，「聽到禁止了陪產幾個月，有個朋友就是老公不能陪產，要獨自生，有點可憐。」幸那時疫情好轉，Onus 的老公應也能進產房支持她。雖然從言談間感到 Onus 是個樂觀堅強的孕媽媽，但提起老公時也不禁甜笑，說老公把自己當成殘疾人士，「洗碗、洗衫等家務都會主動幫忙，而且出入也會經常緊張扶攜。」相信在老公的愛護下，Onus 一定能順利生出一個健康可愛的小寶寶！

前兩胎是子
第3胎終得女

孕媽 Profile

Eliza

職業：家庭主婦

老公：Steve

大仔：Lucas(4 歲)

二仔：Aiden(2 歲)

細女：Sylvia(4 個月)

　　Eliza 曾為《孕媽媽》雜誌做過幾次媽媽模特兒，幾次的見面給人感覺親切開朗，想不到原來 Eliza 曾經想法消極，第一胎作小產的經歷更讓她一度陷入抑鬱，幸得老公和孩子相伴，走出陰霾，現在第三位小成員也出世了，五人大家庭更融洽、美滿。

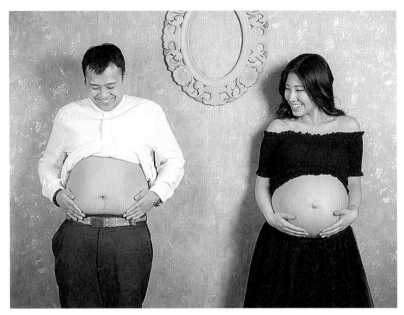

　　Eliza 因為第一胎作小產的經歷而留下很大的心理陰影，當時不但日日夜夜怕自己失去大仔，在大仔出世後也特別緊張，他每有一點不舒服都讓 Eliza 提心吊膽，潛意識覺得很容易失去這個兒子，甚至嚴重到讓她自覺陷入產後抑鬱。

作小產後抑鬱

　　對於生完第一胎的心理影響，Eliza 的老公同樣認為她在生完後情緒起伏變大，亦更不穩定。在經歷完驚險的孕期，餵初乳時又讓她大受打擊，大仔出世後第一天發燒了，Eliza 說：「因為沒有餵飽他，那時覺得是我害了他，看到他身上的針孔，心很痛。」又一次的打擊令 Eliza 信心大挫，腦內充斥負面情緒，內咎感使她變得十分消極，覺得自己沒有能力照顧兒子。她坦言：「我那時年輕，生完不懂湊。」身邊又沒人幫忙教導，無助加上無力感令其情緒接近崩潰。

老公改變感驚喜

　　幸得老公 Steve 的幫助和陪伴，兩夫妻一起從零開始學習湊 B，日漸累積經驗，Eliza 才開始重拾信心，Eliza 說讓她能從抑鬱走出來，老公功

不可沒。「那時候很焦躁，他常常被我罵，但也體諒我，自己學習湊 B，也常常鼓勵和安慰我。」Eliza 十分感激老公這段時間的陪伴。Steve 在大仔出世後，也將生活重心由事業轉回家庭，這是另一個令 Eliza 驚喜的改變，「以前他埋首工作便不記得我了。」她回想起自己曾挺着大肚在商場等老公收工，竟然由晚上 7 時等到凌晨 1 時，説老公完全忘記有人在等他。

Eliza 續道現在老公真的放工便會回家陪仔女，「他變得很顧家，連與朋友出去吃飯都不會超過一小時，甚至會以視像跟孩子解釋為甚麼還沒有回家，也會先哄小孩睡覺。」最令 Eliza 感動的，是在大仔出世後，看到 Steve 認真學習家務事，她笑説：「他以前一點家務都不懂做，現在為了跟我分擔，他甚至會拿着工作用的筆記，記下有甚麼家務要做，抹地要落多少滴露都會記下來。」兩人都表示，在家庭成員增加後，整個家的氣氛更和諧美滿。

第三胎驚喜得女

對於意外迎接的第三胎，Eliza 和老公都覺得是天賜的禮物。當第一、二胎都是仔，有了第三胎，兩人承認不多不少都期望這胎是女，所以去拜神的時候特意問了神婆，神婆卻説今胎也是仔，Eliza 説：「當時聽到其實心灰了一下，不過當然也接受了，只是難免有點小失望。」誰知道後來照超聲波時，醫生卻説是女，「當時聽到覺得難以置信，但醫生進一步斷定是女孩，我當堂驚喜得哭了。」可能是先抑後揚的經歷，使 Eliza 得到難以言喻的感動，Eliza 表示：「本來已經沒有期待會有女，所以知道後很激動。」Steve 亦同樣為得女興奮，在第一次幫女兒換片時還打趣説：「真的是女孩呀！」

五人家庭更美滿

Eliza 表示自己與老公本來分工明確，自己負責照顧仔女的日常起居，做家務、餵飽他們，而老公則多負責陪他們玩，加強兄弟與妹妹間的親子關係，想一些遊戲給他們一起玩，也很成功地令他們關係十分親密，像大仔也很清楚自己的身份，會説：「我是大哥哥。」

家中成員增加了，擔子也會加重了，但 Eliza 卻説：「家庭樹變大了，反而更完整、更幸福。」她説之前湊二子時會覺得很悶，因為身邊的朋友都未生小朋友，沒有共同話題，覺得自己被孤立了，很不開心，感覺身邊

只剩下自己的家人，但生了第三胎後，家庭的融洽和老公的改變卻令她驚喜又甜蜜。她表示老公湊 B 已上手了，自己也可以增加社交活動。「現在老公會將我放回第一位，從結婚開始我也不會這樣想，所以現在很感動。」Eliza 表示以前覺得有了小朋友會失去自己，但現在覺得自己是最幸福的。

有了小朋友，Eliza 有感是最幸福的人。

兩個哥哥都好疼惜妹妹呢！

網紅 KOL
無痛生產好舒服

孕媽 Profile

Cherrie

職業：KOL

生產醫院：聖德肋撒醫院

囝囝：Gareth

Cherrie Tam（譚雅元），可能有讀者覺得其名字耳熟，她是香港較早期的 YouTuber，曾任模特兒及女子組合 Mi55 的成員，其後轉職為自由工作者，仍十分熱衷在各社交媒體分享生活。

一次小意外才令 Cherrie 得知自己懷孕。

　　Cherrie 坦言懷第一胎感到很緊張，恰巧發現身邊有朋友也同期懷孕，感到驚喜之餘，亦感激朋友給她鼓勵，令本來個性焦躁的她感到較安心，她亦有在其社交媒體專頁分享懷孕、生產相關資訊，希望幫助有意生小孩的觀眾。

高處跌下才發現懷孕

　　Cherrie 表示與老公本來就有計劃生小朋友，但當真的驗到有身孕時卻沒有實感，心想：「甚麼？真的中了？」這次是 Cherrie 第一次驗孕，沒想到一次即中。Cherrie 續稱，有驗孕念頭是當天前一天發生小意外促使，那天 Cherrie 去朋友家玩，做引體上升時因抓不穩由高處跌下，原本只感到一點肚痛不適，但離開後痛楚竟然更強烈，又突然想起月經遲了 3 天，才懷疑自己懷孕。

　　「買了驗孕棒的翌日我很早就起來驗，小便都還沒完，棒上就顯出兩條線，那條紅線還很深色。」Cherrie 形容看到第二條線時心跳得很快，又驚又喜。但她沒有立即告訴老公，而是用另

懷孕初期，Cherrie 常忘記自己懷孕。

Cherrie 生產過程十分順利。

一支驗孕棒再驗一次，驗後顯示 Cherrie 已懷孕 2-3 周，她才拍下驗孕棒的照片傳給老公，老公收到立即致電她不斷問：「即是中？」難以相信真的中獎，其後又傳短訊給 Cherrie 說：「我很想大嗌，但我在公司不可以，所以我要冷靜。」可見其老公亦相當興奮。

肚細常「忘記自己懷孕」

「我的孕肚不算大，到 5 至 6 個月都不算好大，所以經常忘記自己懷孕。」Cherrie 笑說她的肚子在 8 個月後才開始大得很快，故經常沒意識到自己其實是個孕婦。她表示孕初期是最辛苦的，「每天吃完午餐喉嚨就像是有東西頂住，不停打嗝，晚上更是甚麼都吃不下。」Cherrie 說這個情況持續到 11-12 周，所以其後的時間就沒再忍口，「因為太辛苦了，所以想吃甚麼都照吃。」她的整個孕期除了生冷食物，其他都沒特別戒口，把孕初期失去的營養慢慢補回來。

Cherrie 回想起孕期最「蝦碌」的一件事，是懷孕 25-26 周去台灣旅行時發生，當時她正在跟朋友逛街，「你知道孕婦就是會突然想吃某些東西，而且要立即吃，當時看到汽水突然很想喝，但可能喝得太快，喝完後無間斷嘔了半小時，令周圍的人也知道我在嘔。」她說自己在孕初期後其實已經很少嘔，但這次「喝汽

水事件」卻成為她孕期中在街上嘔得最誇張的一次，想起也覺得很尷尬。

難忘老公驚喜派對

有了身孕後，雖然 Cherrie 和老公沒有特別慶祝，但原來老公已默默策劃給她一個生日驚喜。在 Cherrie 生日前的周末，老公說想帶狗仔去郵輪碼頭玩，「他本來很少這種念頭，我當時也沒多想，但那天他很主動，說要野餐，又說先帶狗仔落去，他會準備好食物。」當 Cherrie 到公園，本身打算是一起平台開餐，但老公卻帶她去反方向，神秘地說「跟我行就有嘢食」，當 Cherrie 被帶到草地就見到朋友們拿著氣球叫他們，原來老公請來了很多 Cherrie 的朋友為她舉行生日派對，場景之熱鬧令 Cherrie 十分驚喜，Cherrie 直言沒想到今年竟然搞得這麼大，Cherrie 笑說「像求婚般」。原來老公還開了群組安排派對，之前 Cherrie 跟朋友說過想影些關於 BB 的照片，朋友還跟其老公說「你老婆還不知道甚麼事」。

避過「十級痛」無痛生產

Cherrie 一直打算順產，因未做過手術，見到朋友剖腹產的疤痕覺得很可怕，碰上 1 月肺炎爆發，決定由政府醫院轉到私家醫院生，但照順產，她說政府醫院配套較少，而私家有無痛分娩，所以最後生產過程比想像中順利，「未轉私家時有朋友告訴我『你要經歷那種痛，不是 M 痛般簡單，它是不停的肚痛，像想去大便但去不到』」，令她有點恐懼。但最後因去了私家，也打了無痛針，她的生產過程很快。她更笑說：「生產過程算好舒服，入院時完全沒有任何像要生仔的感覺，早預產期一個星期入院催生，沒穿羊水，好像連陣痛也沒感受到就生完了」。

後記

產後的 Cherrie 不時會在社交媒體分享家庭狀況及育兒心得，表示會繼續跟朋友經營飾品店，因工作時間較彈性，希望自己能多點陪伴囝囝，「因小朋友大得很快，想他上幼稚園前多點陪他。」Cherrie 表示希望把重心放在家庭上。

攝影師孕媽
影孕照倍親切

孕媽 Profile

Wing

大仔姓名：Max

出生日期：9/12/2013

細仔姓名：Xam

出生日期：26/10/2019

分娩醫院：東區醫院

分娩方法：開刀

　　懷孕是每個女人最難忘的時刻，孕媽媽少不免會拍孕照留下美麗的一刻。攝影師王穎 (Wing) 專門為大肚媽媽拍孕照，自從她懷孕後，仍然手執相機，繼續「唰唰唰」的按快門工作，Wing 的鏡頭下能描繪出最美的孕媽，而「認真工作的孕媽」也是最美的！

「下巴低點」、「身再側一點」這些是 Wing 拍照時常掛在嘴邊的説話。她從事 Freelance 工作已有十多年，除了擔任攝影師，Wing 同時是化妝師，Wing 的老公亦同樣為攝影師，兩夫婦實行「拍住上」，一起創立了攝影工作室以及化妝學校。除了在工作上是「最佳拍檔」，在家庭中，二人育有一個 6 歲的兒子，於 2019 年更多了一個愛情結晶品——細仔 Xam。

孕吐不適 工作如常

Wing 在懷孕期間是在工作中度過，幾乎是年中無休。懷孕初期，Wing 有明顯的孕吐反應，甚至乎無法下床，更因此放棄了到海外拍攝的機會。原先有客人欲邀請 Wing 以女攝影師的身份，做代言人去歐洲拍攝一輯廣告。可惜的是，當時 Wing 已懷孕 3 至 4 個月，而且有明顯的孕吐不適，無法接手海外的工作，錯過

Wing 直言為明星拍照都能快快收工，因為他們已習慣面對鏡頭，能擺出最好的姿勢。

了這個難得的機會。從 Wing 的語氣中，感受到她有小點兒的婉惜，不過孕媽媽還是以身體為緊呢！

雖然有妊娠反應，Wing 仍是馬不停蹄地繼續攝影工作，她指出專心工作時，反而會分散注意力，不適的感覺隨之而忘記。

肚子一天比一天大，令 Wing 工作時不如以往般活動自如，有人說孕婦不應爬高爬低，免得動了胎氣。Wing 坦言，「作為攝影師不顧得那麼多，因為要拍攝不同角度，即使要搬抬物件都會照做。」，看來大肚沒有妨礙到 Wing 作為一個專業攝影師的身份呢！

攝影家庭 全民皆兵

為了捕捉最佳的角度，攝影師時常要「擒高擒低」，尤其是在拍寶寶照片時需要以低角度拍攝，但大肚卻頂住了 Wing 的行動，幸好 Wing 的老公亦是攝影師，會幫忙拍攝要蹲下的照片，甚至連兒子 Max 都會一同幫手。

Max 自小在兩人工作時陪伴左右，耳濡目染下，自然成為了一個小小攝影師。例如有小朋友來拍學生照時，Max 會在旁幫忙安撫小朋友，哄他們笑。由於時常做小助手，Max 亦很熟悉拍攝的流程，加上他在 3 歲時已獲得一部由 Wing 送贈的舊相機，因而開始了他的攝影生涯，Wing 笑言一家人為「全民皆兵」的攝影家族，時常一家人出動為客人拍照。

Wing 認為既然自己與老公都有攝影以及造型設計的知識，便可以傳授 Max 相關的知識。她說：「培養小朋友有自己獨立的思考、獨立藝術品味，以及分析能力，我覺得對他來說都是件好事。」但不會期望 Max 會承繼衣砵。隨着 Max 跟隨父母攝影的日子越長，接觸的人越多，Max 對打扮都會有自己的風格，人仔細細已經懂得配搭衣服，待人接物也不怯場呢！

工作自由 兼顧家庭

由於 Wing 的工作不是朝九晚六的規律，在分配家庭與工作的時候更為自由。比較其他家長，Wing 更易安排接送 Max 上學及放學的時間，以及一起玩樂的親子時光。即使外出遊玩，也不一定要安排在周末，可以選擇在平日較少人的日子，一家人去旅行亦可避開旺季。遇上學校有親子活動時，Wing 只要調動攝期，就可以陪伴兒子一同出席，因此一家人能享有更多的親子時光。

認真工作的女人是最美的！

　　對於兒子 Max 的成長，Wing 認為「小朋友經常跟我工作，就好容易接觸到不同的人，對他的成長都比較快，以及懂得更多的事。」她認為有的在職家長將小朋友交給工人或是爺爺奶奶照顧，小朋友多數留在家中或者去樓下的公園玩耍，但攝影的行業比較特別，可以讓小朋友見識到多一點人，亦令眼界大開。

　　細仔出世後，Wing 希望 Max 會幫手照顧弟弟，而他亦答應了。Wing 指：「Max 已有 6 歲，這個年紀的理解能力比較高，很多事情都可以自行處理，亦是一件好事。」如果哥哥與弟弟只差 2 至 3 歲的話，哥哥未必能夠幫忙照顧弟弟，父母亦要同時照顧二人，所以 Wing 對於之後要兼顧湊 B 及工作的事宜非常放心，認為不用為大仔煩惱，因為他能夠照顧自己。

孕媽拍照 倍添親切

　　每次為孕媽拍攝，懷孕中的 Wing 亦可順道與她們分享及交流心得，令孕媽倍增親切感。作為一位女攝影師，Wing 認為以女性的身份拍攝家庭及孕婦的照片時，能夠更加方便，甚至要拍攝性感的照片時，亦可避免尷尬的情況。

　　或許是女性及母親的身份，Wing 為大肚媽媽拍照時，更能捕捉她們的美態。她指要為女性拍出美照，首先要找出他們的特點，以及如何表現她們的性格和氣質。例如有些女性比較適合愉悅的表情，拍照便會着她們臉上多掛笑容；如果是冷酷的風格，就會以燈光及背景配合，加上動作及表情的指導，務求拍出女性最完美的一面，表現出個人的特色。

前港隊泳手
大肚仍參賽

孕媽 Profile

Kaman

職業：游泳教練
（前亞運游泳隊香港代表
成員）

大仔姓名：Aidan
出生日期：2017 年 8 月
囡囡姓名：Ally
分娩方法：剖腹生產
分娩醫院：屯門醫院
出生日期：2019 年 4 月

　　Kaman 吳加敏是前亞運游泳隊香港代表成員、現任游泳教練。她的整個人生都與游水有關，無論是上一胎懷着大仔或是今胎陀着囡囡，她都沒有因懷孕而中斷游泳和教水，甚至照樣參加比賽。

現時大仔見到游水裝備都會自行穿戴。

大肚繼續游水

和很多人一樣，Kaman 小時候因為哮喘而學游泳，但不同於人的是，她在控制好病情、再沒有復發之後，仍然堅持游水，甚至將之變成她的工作、生命。身為游泳教練，Kaman 坦言懷孕後對工作或多或少有影響，但她沒有立即停止所有課程，仍然繼續教授一直上她的課的學生，只是不再接新學生，以免他們因為她放產假而半途而廢，她計劃在產後休息好才重新教班。

在大肚後，Kaman 行事較以前小心，例如在泳池範圍行走時會穿上防滑鞋，下水後會用雙手一前一後地護着肚子。至於「操水」的力度，未懷孕時會用 9 至 10 成的話，懷孕後便會用 5 至 6 成，要注意心臟保持不要跳得太快，以免負荷不了。基本上在懷孕後，「蝶、背、蛙、自」四式對 Kaman 來説都沒有難度，唯一是「蝶式」，因為完整的「蝶式」是靠腰發力，懷孕後肚子不能張開，發不到力，便惟有只游一半。

懷孕時參加比賽

Kaman 不是一個輕言放棄的人，因此即使已經懷孕 4、5 個

Kaman 會從小教仔女游泳這一技能。

月時，仍然參加比賽，原因是早前已報了名，本着體育精神而去。她這個舉動差點嚇壞其他選手，因其他人都是「fit 爆」參賽，只有她挺着肚子下水。不過她亦有做好防護措施，落水時不採用跳水，只是扶着池邊「蹬邊」出發。Kaman 表示，那次可能是她心情最輕鬆的比賽，因為肚裏有寶寶，其間要不斷提醒自己不要游得太快、不要太着緊勝負等，參賽只為給自己一個交代。

感謝老公

那次比賽 Kaman 游了 50 米蝶式和 50 米自由式，而每項都有獲得了季軍！她笑着補充，因為總共只有 3 人參賽，所以這個獎是人人有份的。她感謝老公 Jack 支持她參賽的決定，Kaman 説，丈夫也是游泳教練的好處是，知道她即使大肚比賽身體也應付得來，也明白和理解她；若他不是同行，便可能會盲目擔心她的身體，繼而阻止她比賽。

游水放鬆身心

如此堅持游泳，只因游水已是她生命中的一部份。游水可以令她身心舒暢，會以之來平衡家庭和事業。她又説，教水和自己

游水很不同。做教練就要很專注看學生的姿勢等，才能幫到他們進步；而游水則是很個人的一件事，可以在水中冥想、沉思，放鬆心情。

然而，自從大仔出生後，Kaman 大部份時間都分配了給家庭，因為大仔還小，不想很多事都交給其他人做，自己盡力做得多少便多少。照顧小朋友佔據了很多時間和精力，很少時間留給自己。Kaman 現時才家庭為先，然後是事業，將自己興趣放到最後。她在每星期會留 4 至 6 小時給自己游水，通常是早上上課之前抽時間游數塘，那時候便會很珍惜自己一個的空間和時間。

盼子女懂游泳

Kaman 從知道有小朋友開始，已想着教他們游水，但不會要求他們要很「標青」。在大仔半歲時，Kaman 先讓他在家中浴缸練習，待他習慣連耳朵都能浸在水中，然後才帶他到泳池玩耍。她明白不能操之過急，小朋友起碼要到 3 至 4 歲才懂得聽從指令，才能學會游泳。大仔現時已不怕水，在淺水的地方懂得自行閉眼下水，有型有款。

游水有益寶寶身心

Kaman 表示，游水有助寶寶身心發展，因為他們不用常常困在家，只顧對着電子產品。另外也能訓練專注力，小孩到讀書時需面對眾多測驗考試等，學業壓力令他們放鬆不了心情，又會影響學習，如此一來只會惡性循環，除了「死讀書」，孩子更需要可以陶冶性情的課外活動才能舒壓，從而提升專注力。

游泳四式對孕婦好處

Kaman 以第一身親證游水對孕婦的好處，以下是游泳四式，看看她的心得吧！

蝶式：不建議孕媽媽游蝶式，因為需要用到很多腰部的力量，我曾試過幾次嘗試游蝶式時拉扯到子宮，便立即停止。

背泳：因為可以躺平，身體不會阻水，腰部相對來說舒服很多。

蛙式：有人說多游蛙式有助順產，但我沒有真正研究過。

自由式：對孕媽媽來說最舒服，因為身體需要左右轉動，可以伸展到，不過懷孕後會游得比之前慢，原因是凸出的肚子會令水阻大了。

甜酸苦辣
懷孕旅程

孕媽 Profile

Venus
年齡：28 歲
職業：家庭主婦
生產醫院：威爾斯親王醫院
預產期：2016 年 7 月 3 日
分娩日期：2016年7月
分娩方式：順產

　　孕媽媽由 bingo 開始，看着肚子一天比一天長大，直至寶寶到來的一剎那，都是令人刻骨銘心的孕程。回頭一望，這十個月會否令你百般滋味在心頭？以下一位媽媽會分享她由 16 周至 40 周的甜酸苦辣的懷孕旅程。

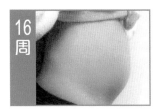

體重：57.7kg
肚圍：37.9 吋
身體變化：後腰與胸部開始出現妊娠紋。
心情變化：由於身材開始變肥，所以不太開心。
難忘事情：出席中學同學婚禮，成功遮肚未曾被人發現（因還未正式宣佈懷孕喜訊）。

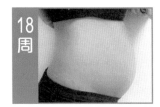

體重：58.4kg
肚圍：38.3 吋
身體變化：臀部的妊娠紋越來越嚴重。
心情變化：開始感到胎動，心情興奮莫名，因為期待這天很久了！
難忘事情：與BB的契媽到迪士尼玩機動遊戲，最刺激玩跳降傘。

體重：59.7kg
肚圍：38.6 吋
身體變化：妊娠紋顏色開始變得深。
心情變化：由於胎動開始明顯，每次BB郁動心情都顯得特別興奮，很享受這種感覺。
難忘事情：今周照結構，一切正常，醫生説胎兒是個長腿妹妹，而且是個很有個性的BB女呢！

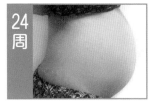

體重：60.6kg
肚圍：39 吋
身體變化：大脾內側妊娠紋增多。
心情變化：自從宣佈喜訊後很多人提醒我要保重，覺得多了親友關心，感到很窩心。
難忘事情：挺住巨肚到BB展掃貨，行了10個鐘，可能現場空氣不流通及人多擠迫，有兩次險些仆倒。

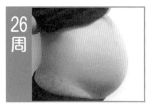

體重：01.5ky
肚圍：39.3 吋
身體變化：腰痠骨痛越來越嚴重，行路開始感到腳軟。
心情變化：由於胎動越來越明顯，並且有節奏，心情有少許微妙及感動的感覺。
難忘事情：與老公報名上產前湊B實習班，有假BB做練習，覺得過程很實用。

體重：62.4kg
肚圍：39.8 吋
身體變化：肚子明顯比同期的孕媽媽大，覺得肚子很重，行路很吃力，雙腿容易感到疲累，偶爾出現抽筋；睡眠質素差。
心情變化：心情有少許納悶，覺得後期懷孕過程比想像中辛苦。
難忘事情：踏入倒數100日預產期，開始整理BB衣物及用品，一面摺BB衫一面覺得幸福。

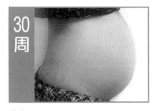

體重：63.8kg
肚圍：40.2 吋
身體變化：胎動越來越厲害，感到BB過份活躍，胎兒在高位頂住胃部感到不舒服。
心情變化：心情煩躁，胎動太勁，令我無法休息。
難忘事情：開始準備大量薑醋，覺得距離預產期的日子越來越近。

體重：64.7kg
肚圍：40.5 吋
身體變化：開始尿頻，前肚開始爆妊娠紋，肚大到遮住落樓梯視線。
心情變化：心情很不開心，因為妊娠紋很嚴重，身體多個部位也爆發妊娠紋。
難忘事情：買了一個四層大膠櫃給BB收納衣物及用品，個櫃又重老公又瘦，但他竟然可以將櫃抬上膊由門市搬回家，望着他的背影，覺得他終於有做爸爸的擔當。

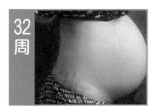

體重：65.6kg
肚圍：40.8 吋
身體變化：肚子開始向下墜，覺得下身好重。
心情變化：開始有少許緊張，預備好走佬袋，隨時準備就緒。
難忘事情：拍攝懷孕寫真，記錄低寶寶的時刻。

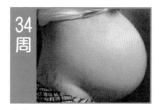

體重：65.9kg
肚圍：41.2 吋
身體變化：越來越吃力，個肚又大又墜，晚晚睡眠不足。
心情變化：由於睡眠不足，故心情煩躁並感到疲倦。
難忘事情：叫媽媽陪聽坐月專題講座，等她了解新一代照顧新手媽媽及育嬰的知識。

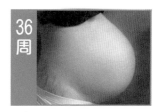

體重：66.5kg
肚圍：41.6 吋
身體變化：假宮縮頻密，雙腳已經出現水腫，聽說腫三次消三次後就生得。
心情變化：緊張又期待。
難忘事情：終於在 4D 超聲波檢查見到 BB 的樣子，勁開心！

體重：67kg
肚圍：42.4 吋
身體變化：越後期反而越想嘔，經常頭暈，全身都疲累。
心情變化：有少許焦急，不想 BB「過期居留」。
難忘事情：見到有透明水的分泌物，以為穿羊水便「飛的」去醫院，結果食「詐糊」。

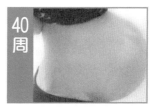

體重：68.5kg
肚圍：43 吋
身體變化：個肚大到無得再大，前肚皮緊到似爆開的感覺。
心情變化：千個擔心，擔心 BB 過了預產期都未肯出世，又擔心不能順產，又驚有胎糞積聚，令 BB 吸入肺部就大件事。
難忘事情：每個人見到我的肚都嚇親，還主動教我多個方法迫 BB 出來。

BB 出世體重 3.5kg

升級滴雞精之萃
白蘭氏®萃雞精

滴滴濃郁・滋補養身
鮮甜雞湯滋味

白蘭氏萃雞精代言人 隋棠

萃雞精

體貼產前產後媽媽所需
補身不肥身

- 無使用生長激素
- 無添加
- 無膽固醇
- 零脂肪

全新包裝

產品成份有助：

- 恢復體力
- 提升精神狀態
- 提升免疫力
- 補充蛋白質
- 長胎不長肉

營養味道全面提升

升級滴雞精之萃
白蘭氏®萃雞精

趕走疲勞 精神飽滿
豐富蛋白質
每100毫升含10克

濃郁雞湯滋味
美味如現熬雞湯
每口都能嚐到黏密膠質

圖片只供參考

非一般懷孕

非洲孕婦禁忌

孕媽 Profile

Lisa
國籍：香港人
丈夫：非洲喀嘜隆人（Roy）
大女：3 歲多
第 2 胎：女 B

　　或許是「寧可信其有」的觀念，中國孕婦跟禁忌總是緊扣在一起，不要搬屋、避免高舉雙手等警句深印腦海。但究竟外國孕婦是否也有所謂「禁忌」呢？本文找來一位非洲人解構非洲的懷孕傳統禁忌。

中非婚姻

　　來自非洲喀嘜隆的 Roy，身材魁梧，肌膚是典型的黑黝黝，與香港人太太 Lisa 結婚三年多。兩人育有一名三歲多的女兒，這次 Lisa 再度懷孕，下一胎還會是個囡囡呢！談及夫妻相處之道，兩人各自在不同文化背景下成長，Roy 不諱言雙方需要多溝通，「我們會保持各有的文化，不會把思想硬套入對方。而且夫妻應該互相尊重，多溝通才可更加了解對方。」

喀嘜隆孕婦禁忌

　　中國傳統觀念，孕婦陀着 BB 時禁忌多多，不要搬屋、不可去紅白二事、避免吃生冷食物等。究竟喀嘜隆的孕媽媽懷孕時，又會有甚麼禁忌呢？適逢 Lisa 陀着可愛 BB，不如就由孕爸爸 Roy 跟大家講解。

食物

- **不可以吃猴子**：當地人認為孕婦吃猴子，BB 出世後就會像隻猴子好動活躍，跳跳紮紮停不了，到時管教便有難度。
- **不可飲傳統黑色湯水**：那些湯水是烏黑黑，而且味道非常酸，如檸檬般酸澀。據 Roy 說如果孕媽媽飲了這些湯水，皮膚會出現紅腫，情況如皮膚敏感。
- **妊娠不適**：很多孕婦有妊娠不適，包括嘔吐、水腫等，其中喀嘜隆的孕婦會咬着小石頭治嘔。另一方面，孕婦會吃一種當地食物，形狀粗如粉筆，質感較乾，同樣預防孕婦嘔吐不適。

運動

- **停止水上活動**：Roy 稱當地人相信水中有妖魔鬼怪，為了孕婦及 BB 安全，孕媽媽需要暫停一切水上活動，包括游水；亦不可越過河流，即使是橫過河上的橋，或乘船也不可以。

生活

- **不可看面具**：Roy 指出，當地孕婦絕不可以看面具，皆因傳統認為孕婦經常望住那張面具，將來 BB 出世會是那面具的模樣。若果孕媽媽望着是恐怖或醜怪的面具，生出來的 BB 不就大件事！
- **不准出夜街**：黑夜給人鬼異氣氛，為免有魔鬼突襲，喀嘜隆的孕媽媽還不會在晚上出街。若非去不可，她們亦會在晚上七時前趕回家。
- **不可出席白事**：跟中國傳統一樣，Roy 稱當地孕婦盡量避免出席白事，除

非逝世者是關係非常密切的親戚，又或者是親戚中做好事的好人，孕婦才可考慮出席。而紅事方面，孕婦則照去可也。

親人

- **只准父母摸肚**：孕婦的肚子越來越隆大，但當地習俗規定僅限 BB 的爸爸媽媽才可摸肚，只有孕婦進行定檢或臨盆分娩，才可讓醫護人員接觸。原來這樣做，是防止有人把邪惡或不吉利的運氣及事物傳給 BB。
- **家姑陪瞓四個月**：一般來說，孕婦臨盆前一個月及產後首三個月，家姑會與孕媽媽同床共寢，丈夫則轉到別的房間睡覺。此舉主要方便家姑體貼照顧孕婦日常所需。加上，孕婦產後身體虛弱，將夫妻暫時隔離，是避免孕婦太快懷第二胎。
- **親友探訪派「利是」**：喀嚟隆的傳統習俗上，BB 出世後，親朋戚友若想探望新媽媽及 BB，男士通常要畀「利是」，而女士則不用。當然探畢離開，主人家亦會回禮給客人。

肌膚

- **愛搽護膚品**：Roy 還提到孕媽媽喜歡塗有色的護膚露，希望 BB 出世時皮膚亮麗白皙，當然特別是 BB 女！
- **每日洗澡三次**：為了保持自己及 BB 的個人衛生，孕媽媽平均每天早、午及晚洗澡三次，減低身體不適或患病機會。

知多啲

喀嚟隆（Republic of Cameroon）位於非洲中西部一個共和國家，首都是雅溫得，官方語言為英語及法語。全國人口約一千五百萬，分成二百多個部族，又以國家足球隊及本土音樂最出名。

Part 2

孕媽心聲

想 BB 哪個季節出世？想生仔定生女？大肚時
老公有沒有幫手？還有很多問題你都想知？
本章有 100 多個孕媽，就着24個問題講出
她們的心聲，當中有沒有與你共鳴？
快快揭開本章看看吧！

想 BB
哪個季節出世？

孕媽 Profile

Quennie
囡囡名字：貝兒
生產期：2016 年 10 月 9 日
職業：家庭主婦

　　春、夏、秋、冬，四季各有不同的特點，媽媽有沒有希望 BB 在哪個季節出生呢？不同的季節對她們生產或坐月會有影響嗎？有說 BB 出生時的季節與其本身性格有關，媽媽又相信，或者聽過這種說法嗎？一於聽聽 4 位媽媽的分享！

秋冬季都好

　　我會希望 BB 在秋天或冬天出世，因為如果天氣太熱，坐月就會很不舒服。坐月經常要吃薑醋這類燥熱的食物，如果天氣很熱，那麼人就會較辛苦。而我自己在 10 月生產，所以感覺不錯，頗舒服。至於出生季節與 BB 性格，我聽說冬天出生的 BB 比較不怕冷，夏天就不怕熱，這都有可能是真，因為我囡囡也不太怕冷的。

喜歡秋天

　　因為自己喜歡秋天，所以也想 BB 在秋天出生，哈哈。當然，也因秋天天氣清涼，讓人感覺舒適，可惜現在已沒有秋天這回事了，感覺過了夏天就已是冬天。我在 10 月頭生团团，趕車尾算是秋天，但其實還是挺熱的。BB 出世後要餵母乳，與 BB 皮膚相觸下會更熱，所以天氣清涼真的很重要。我對 BB 性格與出生季節方面沒意見，當初我也是順其自然懷孕的。

孕媽 Profile

Ivy
团团名字：智賢
生產期：2016年10月1日
職業：美容化妝導師

春或秋都可接受

我希望 BB 在春或秋天出世，天氣不會那麼極端。我生產時是 4 月，開始變熱，氣溫尚可接受，不過當時都有開冷氣。我覺得陀 B 時的季節比生 B 時的季節更緊要，因為陀着 BB，本身體溫會升高，如果還在夏天陀會很辛苦。還好我當時沒經過夏天，不算太辛苦。關於出生季節與 BB 性格，我在 FB 看過類似標題，但沒點進去看，我覺得兩者沒甚麼關係啊。

孕媽 Profile

Joanna
囝囝名字：Zachary
生產期：2016 年 4 月 27 日
職業：治療師

孕媽 Profile

Kenny
囡囡名字：炫僖
生產期：2016 年 4 月 4 日
職業：教師

春天最理想

生第二胎前，我想過妹妹若在春天出世就好了，因為哥哥本身在年尾出世，試過找學校但拒收，要等待下一年才能入學。不過如果在 1、2 月生就太冷了，所以春天時份就最理想！可幸妹妹確在春天 4 月出世，我陀 B 和坐月的時候都覺得挺舒服的，天氣偏清涼，因香港不會太冷。妹妹算在年頭出生，學習的確較快呢，現在她未滿一歲，已經會步行了。

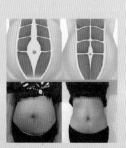
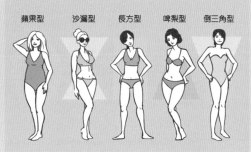

妳想
生仔定生女？

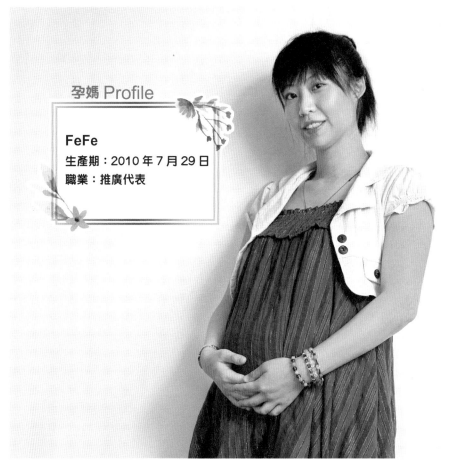

孕媽 Profile

FeFe
生產期：2010 年 7 月 29 日
職業：推廣代表

　　相信仍未知 BB 性別時，妳與丈夫心中也許對某個性別有所期待，可能會想如果是囡囡的話，可以為她扮靚，長大後更可以結伴逛街；假若是囝囝的話，丈夫早已盤算何時與他在球場上作戰。究竟以下的媽媽又有甚麼想法呢？

最鍾意扮靚

「想生女，因為可以為她扮靚；不過，這胎是陀仔，但也有好處，不會有太大壓力，皆因老公鍾意生仔多一點。」

生女好易教

「想生女，因為老公很想要一個女，有時出街眼看別人的囡囡很乖巧、可愛，坐定定，感覺上容易管教，相對比較聽話，再者，可以與她一起扮靚；可能本身已有一個囝囝，性格較為好動，愛四處走，在管教及照顧上有點吃力。」

孕媽 Profile

Molly
生產期：2010 年 8 月 10 日
職業：秘書

生仔一胎搞掂

「很想生仔，可以不用再生，由於老公是體育老師，經常帶隊打波，所以很喜歡仔，日後可以一起打波。而我也希望生仔，皆因不用擔心太多，如果是生女的話，可能在她交男朋友時會特別擔心。」

孕媽 Profile

Karina
生產期：2010 年 7 月 6 日
職業：老師

孕媽

Vicky
生產期：2010 年 9 月 22 日
職業：家庭主婦

愛女兒撒嬌

「想生女，雖然我知道丈夫想生仔多一點，但我總覺得女孩子的衣物襯飾較為吸引，款式新穎，閒時又可以為她扮靚；而且，女孩大多愛撒嬌，感覺很溫暖。」

愛您所愛
貼心照顧媽媽和寶寶

2020 年度得獎品牌

2022 年度最專業優質
一站式坐月食療服務

ulifehk.com 　6308 3278 　3708 8714 　盈悅坊專業月子餐

大肚時
老公點幫手？

孕媽 Profile

Ariel
生產期：2013 年 6 月 29 日
職業：視光師

　　自古以來一直流傳，女仔拍拖時是個公主、大肚躍升成皇后，旁邊男友榮升成準爸爸，孕媽媽彷彿受萬千寵愛，一切好像越來越美好。不如問問以下 4 位媽媽於懷孕期間，老公怎樣做到體貼入微？

晚晚按摩

「懷孕期間，可能因肌肉疲勞，差不多每晚都出現抽筋等妊娠不適，老公會幫我按摩紓緩。另外，他會抽時間陪我產檢，盡量陪伴在側和聊天。而且老公知道我鍾意讀書，我們更一起報短期 course，修讀 NLP 課程內容如催眠，一星期上堂 3 日。」

家務一腳踢

「未有 BB 前，家務會由我負責。但自從 bingo 後，老公差不多全部做好。而且，他都會盡量抽時間陪我產檢和上產前班。由於自己有妊娠嘔吐，時常胃口欠佳，老公知道常說心痛，甚至胃口也受我影響呢！」

孕媽 Profile

Kate
生產期：2013 年 11 月 8 日
職業：化妝師

次次陪產檢

「大肚期間出現嘔吐、腰背痛或抽筋，老公感覺自己無法真正幫忙，所以他較着重心靈方面，覺得抽時間陪我就是最好。譬如，他會抽時間陪我前往產前檢查，既可以沿途陪伴、照顧，更可了解胎兒最新成長狀況。我倆均鍾意旅行覺得好開心，所以懷孕期間，他除了陪我在港到處玩樂，懷孕 6 個多月時，我們更前往關島旅行，置身陽光與海灘中，當然一切以安全至上。」

孕媽 Profile

Claudia
生產期：2013年10月25日
職業：教師

孕媽 Profile

Stephanie
生產期：2014 年 3 月 4 日
職業：全職媽媽

穿鞋好幫手

「懷孕約 5 個月，腳部開始出現水腫，老公會幫忙為我穿鞋。未大肚前，自己甚少穿波鞋，但隨住肚部越來越大，現在多穿波鞋或平底鞋，甚至拖鞋。加上，自己體形較嬌小，懷孕 3 個月已明顯現肚，出街時老公會多望我們身邊周圍環境，如拖行李的途人，避免把我撞到引起意外。同時，他也會遷就我的步伐走慢點。」

西班牙

suavinēx

全新
孕婦護理
系列

抗紋修護
緊緻肌膚

西班牙製造

天然成分

適用於**敏感性肌膚**

經過**皮膚科**臨床測試

防妊娠肚紋膏	孕婦產後緊膚霜	天然孕婦乳頭霜
250ml	250ml	20ml
防止妊娠紋以提升肌膚彈性	刺激膠原蛋白令皮膚更光滑	防止乾燥及產生裂紋

Retailers in Hong Kong & Macau

www.suavinex.com

孕期
最想多謝誰人？

孕媽 Profile

Rainbow
生產期：2013年5月8日
職業：老師

　　相信懷孕後，妳會感受到身邊人對自己的疼錫，他們會為妳張羅不少資料、噓寒問暖、照顧周到。聽聽以下 4 位孕媽媽多謝誰人？

老公送寶貴禮物

「要多謝老公，因為沒有他便不能成事，這是一份大家送給對方的禮物。同時，也因着懷孕，自己經歷了不同階段，以往也較為『細路女』，但快將為人母，慢慢亦變得成熟，準備做一個稱職的好媽媽。」

媽媽最偉大

「最想多謝老公和媽媽，首先要是沒有老公的話，便不能製造小生命，他亦有幫忙做家務。至於媽媽，當自己有 BB 後，更體會到媽媽從前的辛苦，皆因懷孕時，身體出現很多變化，以及知道母愛有多偉大。」

孕媽 Profile

Amy
生產期：2013 年 5 月 12 日
職業：秘書

爸爸愛心餐

「要多謝爸爸的愛心餐，他很注重我在懷孕期的飲食健康，經常叫我回家食飯，預備不少湯水、補品，所以十分感激他。另外，也要多謝老公的關心及照顧。」

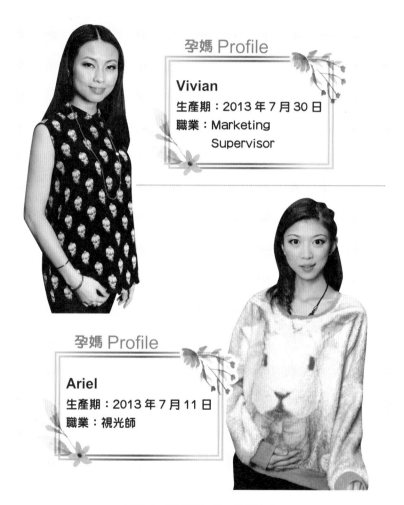

孕媽 Profile

Vivian
生產期：2013 年 7 月 30 日
職業：Marketing
　　　 Supervisor

孕媽 Profile

Ariel
生產期：2013 年 7 月 11 日
職業：視光師

明白媽媽感受更多

「甫大肚開始，媽媽已經幫助我很多，又上陪月課程，準備陪我坐月。而且，因着溝通多了，關係比以往更好。現在，會嘗試從媽媽的角度去看事情，母女之情較未懷孕前有更深感受。所以，最想多謝就是媽媽。」

EUGENE baby.COM 荷花網店

一網購盡母嬰環球好物!

免費 送貨服務*
亦可選門市自取貨品#

免費 登記成為網店會員
專享每月折扣,兼賺積分回贈!

優質 環球熱賣母嬰產品
性價比高,信譽保證,安全可靠!

mall.eugenebaby.com

即刻入嚟睇睇

BUY

消費滿指定金額,即可享全單免運費
所有訂單均可免費門市自取

孕期皮膚
變好定變差？

孕媽 Profile

Rita
生產期：2016年10月3日
職業：金融

　　懷孕會為身體帶來不同變化，皮膚轉變就是其中一種，亦是令人振奮的一種，因為懷孕可令媽媽皮膚變好！當然，皮膚變好、變差，抑或沒有變化，這3種可能性都有機會發生，而常見的說法是陀仔皮膚會變差、陀女就變好，以下4位媽媽的情況又如何呢？一起來看看她們的分享。

懷孕後長出雀斑

我大肚後皮膚變乾了，兩邊蘋果肌和鼻上都長出了雀斑，大肚之前是沒有的。雖然我陀的是男仔，但我覺得皮膚改變跟陀仔或陀女未必有直接關係，因為我也有朋友是陀仔，皮膚卻變好了；又有朋友陀女鼻卻變大了，但人們都說陀仔鼻會脹大！我想這跟荷爾蒙轉變有關，我生完後 2、3 天，雀斑馬上變淡了，而我沒有做過任何補救措施，可見是跟荷爾蒙有關。

陀 BB 女皮膚變好

陀 B 後皮膚有變化啊！我覺得陀仔跟陀女真的是有分別的，上一胎我陀仔，皮膚會生粒粒，膚色又黑沉沉，鼻更越來越腫……而今次這胎是陀女，皮膚好了，樣子都漂亮了，所以今胎非常開心啊！兩胎我都有照常敷一些安全可靠的面膜，也有照做深層清潔，飲食都是以清淡為主，所以我想與這些都沒關係，跟 BB 性別就有關係。

孕媽 Profile

Karena
生產期：2016年9月14日
職業：行政秘書

坐月時才有明顯變化

我陀兩胎皮膚都沒甚麼變化，聽說過有些人會因為懷孕荷爾蒙改變而令皮膚變差，但幸好我陀兩胎，一仔一女都沒變差。生完坐月時我有吃花膠、海參和飲湯水滋潤滋潤。因為坐月時會比平時更容易吸收，身體不好，坐月坐得好也可以令身體變好，相反亦然。所以，我覺得我坐月時皮膚反而有變好，應該是坐時調理得宜吧！

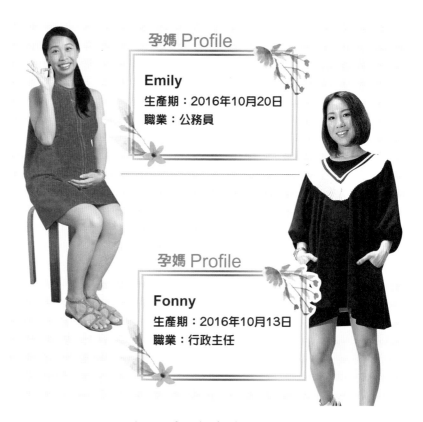

孕媽 Profile

Emily
生產期：2016年10月20日
職業：公務員

孕媽 Profile

Fonny
生產期：2016年10月13日
職業：行政主任

陀 B 令暗瘡自然消失

我有因為懷孕而令皮膚變好呢！我以前經常因為壓力大而在臉上長壓力瘡，下巴的左右兩邊附近都會長瘡，但我陀 BB 大約 3 個月之後，所有暗瘡都很神奇地消失了！之前有聽說過陀女皮膚會變好，相反陀仔就令皮膚差，但我這次陀的其實是 BB 仔，所以，我想我皮膚變好跟荷爾蒙轉變的關係較大吧！

大肚生仔 不能不睇！

荷花出版
EUGENE GROUP

熱賣推介

陪月坐月一條龍直通車

超高效產前產後護理課

孕媽媽最佳飲食提案

孕媽媽嘅資料寶庫！

每本定價99元

產後不求人自學 46 事

中西醫聯手出招孕期難題逐個擊破

超實用懷孕解難書

追蹤孕媽媽懷孕生仔檔案

輕鬆度過快樂懷孕期

快速收效的產婦護理魔法書

10 分鐘做個懷孕快樂人

圖解輕鬆懷孕經

神級懷孕提案孕媽必讀

快速解答 394 條懷孕疑惑

查詢熱線：2811 4522

以上圖片只供參考。優惠內容如有更改，不會另行通知。如有任何爭議，荷花集團將保留最終決定權。

防妊娠紋
有何招數？

孕媽 Profile

Pinpi
生產期：2013年 12月 19日
職業：全職媽媽

　　女士臉上如果出現眼紋、乾紋，十居其九大呼「救命」的同時，會馬上詢問好友，或遍尋坊間聲稱功效顯著的保濕霜，務求細紋從此消失！對於懷孕期間有機會出現的妊娠紋，道理也一樣，相信絕大部份孕媽媽都會想盡辦法預防或將之擊退。以下 4 位孕媽媽的方法又會跟妳一樣嗎？

日夜也保養

　　懷孕至今，幸運地從未有妊娠紋。自己也注重身體、皮膚的護理，日間會塗妊娠膏，晚間會搽椰子油，主要是塗抹整個肚部。椰子油其實是普通可供食用的，成份較天然，而且晚間塗油份的護膚品，感覺較滋潤。

橄欖油較天然

　　很幸運上胎和今胎到目前為止，也無妊娠紋，第二胎早晚沖涼後會塗橄欖油，相信其成份較天然。陀第一胎時，朋友曾送一盒妊娠膏。所以到今胎懷孕 3 個月時，亦試塗妊娠膏約 2 個月，自己都會推介朋友使用橄欖油，一來成份天然，而且價格便宜。

孕媽 Profile

Jazzy
生產期：2013年11月4日
職業：I.T. 市場經理

113

塗妊娠紋膏現敏感

本身有濕疹，皮膚非常容易敏感，所以未懷孕前主要用濕疹藥膏護膚。但自從陀 BB 後，盡量避免使用含類固醇藥膏，怕影響胎兒。但自己也算幸運，目前懷孕 7 個多月也未有妊娠紋。至於一般的妊娠紋軟膏，只塗了 2 天便開始起粒，皮膚已出現敏感不適，所以目前只是到連鎖藥房，選購普通消炎藥膏使用。

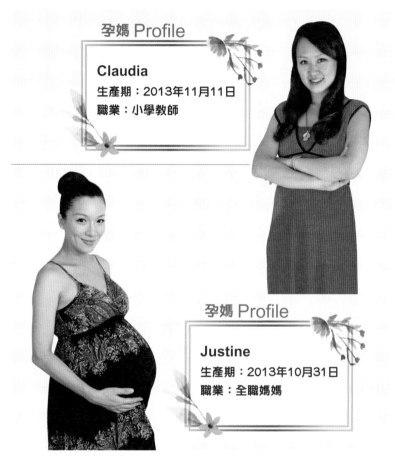

孕媽 Profile

Claudia
生產期：2013年11月11日
職業：小學教師

孕媽 Profile

Justine
生產期：2013年10月31日
職業：全職媽媽

橄欖油成份 Bio-oil

懷孕至今 8 個多月，很慶幸一直沒有出現妊娠紋。大約懷孕 3 個月開始，朋友推介我塗抹 Bio-oil，指成份蘊含橄欖油，主要塗在整個肚部、大腿內側和腰部兩旁，也可以當潤膚露使用，效果很不錯。

美國
My Brest & Friend®

紓緩哺乳疲勞
孕婦哺乳枕
Original Nursing Pillow

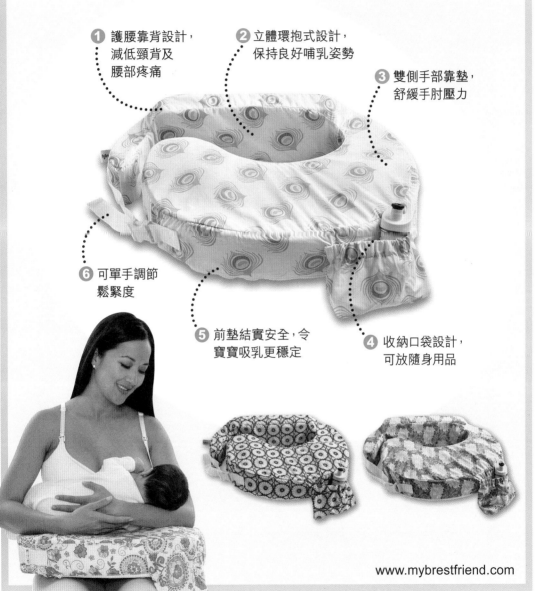

1 護腰靠背設計，減低頸背及腰部疼痛

2 立體環抱式設計，保持良好哺乳姿勢

3 雙側手部靠墊，舒緩手肘壓力

6 可單手調節鬆緊度

5 前墊結實安全，令寶寶吸乳更穩定

4 收納口袋設計，可放隨身用品

www.mybrestfriend.com

做過哪類
孕婦運動？

孕媽 Profile

Kate
生產期：2013 年 10 月
職業：全職媽媽

　　古往今來的健康調查報告或研究，十居其九均指運動對身體有益。準媽媽陀住 BB，自然更需要做產前運動，既有助自己和胎兒健康，同時有利產程。不如看看以下 4 位媽媽做過哪些產前運動。

晚飯後散步

自從有孕後，未有特別參加時興產前運動班，如孕婦瑜伽、pilates。不過，平日會多散步，特別每天晚飯後一小時，會到屋苑樓下公園散步。臨盆前亦會多行樓梯，希望有助產程順利。

臨盆前玩 fitball

今次陀第二胎，臨盆前會在醫院用 fitball 做運動，有助紓緩腰背痛和子宮頸口張開。上胎生囡囡時也有做 fitball 運動，心理上感覺子宮度數真的開快些。但要留意這運動有利加快產程，只適宜臨盆前做，避免懷孕期間在家中練習。自己也會多散步，幫助鬆弛盆骨，紓緩身體不適。

孕媽 Profile

Yvonne
生產期：2013年7月31日
職業：全職媽媽

行樓梯和散步

　　今次是生第二胎，兩胎也是囝囝，常聽説產程也會較第一胎快，不過，自己未有特別參加產前運動班，而平日會多行樓梯和散步，相信有助產程。

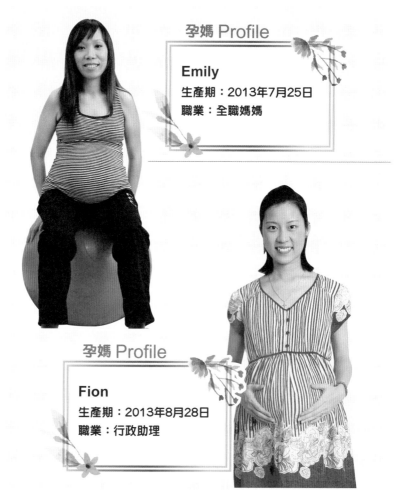

孕媽 Profile

Emily
生產期：2013年7月25日
職業：全職媽媽

孕媽 Profile

Fion
生產期：2013年8月28日
職業：行政助理

上產前運動班

　　自己也不敢胡亂做運動，但早前參加網上討論區提供的產前運動班，了解紓緩腳部抽筋等基本知識。家中亦會練習拉筋，尤其是睡覺前，減少腰痛、腳抽筋等、雖然自己的抽筋情況不嚴重，但做後感覺很舒服。

Babymoon
想去哪裏？

孕媽 Profile

凱琳
生產期．2015年10月10日
職業：家庭主婦

　　時下流行 Babymoon，一眾潮媽都趁寶寶還未出生，先去一趟旅行放鬆身心，順道帶肚裏BB體驗人生第一次旅行。不過，懷孕期間幾時去babymoon較好呢？媽媽又會想去哪裏呢？就讓一眾媽媽分享她們的選擇！

熱帶地方

我會選擇懷孕中期，因為比較穩定，而且又沒那麼不舒服，懷孕反應比較少，又不會十分擔心早產，雖然也是有風險的。要選擇的話，去熱帶地方是挺好的，因為不會怕太冷，而且也可以拍孕婦照，拍一些 show 肚、泳衣照。

泰國、沖繩

我想中期會比較好，因為首三個月會較辛苦，胎兒尚未穩定，以及胃口會改變得非常厲害。中期就較為舒服，走路亦可走得比較快。而後期肚子比較大，就不會方便坐那麼久或拿太多重物。我會想去可以自己駕車的地方，不會去逛街旅程，即是不用走很多路和拿很多重物的地方，所以日本那些未必適合。或者去一些陽光海灘的地方，例如泰國、沖繩吃吃東西，或可在度假區那裏休息一下會比較適合。

孕媽 Profile

Ling
生產期：2017年3月22日
職業：顧問

日本

　　我會選擇懷孕中期去，大概 4 至 6 個月，因為肚子不算大，行動比較方便，而且已過流產高峰期，就算坐飛機也相對安心。這時期去旅行我會選擇較近及安全的地方，萬一有任何狀況都可以把孕媽媽和胎兒照顧好的地方，例如日本。

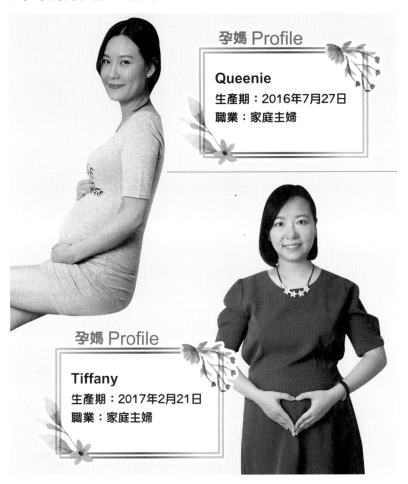

孕媽 Profile

Queenie
生產期：2016年7月27日
職業：家庭主婦

孕媽 Profile

Tiffany
生產期：2017年2月21日
職業：家庭主婦

亞洲地區

　　如果要乘飛機的話，我就會選擇中期去；而後期的話就會選擇不用乘飛機的地方，例如澳門那些地方。懷孕中期會去短程的旅行，機程可能大約三小時，因為怕機程太長會很辛苦，所以會去點較近的地方，而亞洲地區是不錯的選擇。

有冇上
產前班？

孕媽 Profile

Fanny
生產期：2011 年 12 月 23 日
職業：家庭主婦

平日報讀興趣班，就是為了增廣見聞、提高知識水平；上產前班同出一轍，為了增加對分娩、育兒知識上的了解。你是否也有抽空上堂，為當上媽媽前做好準備？

報讀醫院提供課程

　　「上了醫院提供的生產呼吸課程，共有 8 堂；內容包括產前準備、日常起居飲食、嬰兒護理、母乳餵哺、產前產後情緒處理等。由於沒有湊 BB 的經驗，透過課程可知道如何餵母乳的手勢及技巧。」

靠丈夫教路

　　「沒有打算報讀，因丈夫與前妻生了 3 個小孩，已有湊仔經驗，他會教我如何照顧 BB。曾有朋友上過產前班，她說陣痛時會痛得甚麼也記不起，只依靠身旁的醫護人員協助，所以分別不大。」

孕媽 Profile

Fyon
生產期：2012 年 1 月 7 日
職業：鋼琴教師

無暇上堂

「沒有上任何產前課程，因今次是第二胎，早已累積多年湊仔經驗。縱使是上一次懷孕，也沒有報讀，因當時無暇參加，只是自己看書了解分娩過程，讓自己有足夠的心理準備。」

孕媽 Profile

Hemia
生產期：2011年11月10日
職業：家庭主婦

孕媽 Profile

Virginia
生產期：2011年12月12日
職業：文員

與老公齊齊學

「我報讀了產後護理課程，當中學懂如何餵母乳、抱 BB、幫 BB 沖涼等。我認為報讀課程是重要的，還要有丈夫同行，因課堂會提供假 BB 作親身示範，令我倆對湊 BB 也更易掌握。」

生完BB

最想做乜？

孕媽 Profile

Samantha
生產期：2012年5月27日
職業：家庭主婦

　　懷孕忌諱甚多，又或迫不得已暫失原有的享受。相信不少媽媽曾揚言產後要吃這吃那、去這去那，皆因始終腹大便便，欠缺自由。看看即將重獲自由的孕媽媽，有甚麼鴻圖大計吧！

倒頭大睡

「很想好好睡一覺，皆因接近臨盆一個月，睡得很差，經常半夜起來，亦要頻頻上洗手間。再加上，陀 BB 真的很吃力，所以倍感辛苦，希望產後可以換來優質睡眠。」

食魚生

「最想食魚生，懷孕首兩個月也沒有戒吃，因第一個月未知懷孕，第二個月則去了日本度蜜月，難以忍口，反而回港後便戒吃了。不過，可能產後仍未可立即吃，因為要餵哺母乳。」

孕媽 Profile

Mei
生產期：2012年6月17日
職業：會計師

醫院 Salon 洗頭

「上一胎住院至第三天，憋不住頭髮冒出來的惡臭，便到了醫院的 salon 洗頭。所以，今次也期望產後能立即洗頭，頗舒服的，並有專人負責吹乾，只是欠缺造型而已。」

孕媽 Profile

Rachel
生產期：2012年6月2日
職業：家庭主婦

孕媽 Profile

Panny
生產期：2012年6月5日
職業：空中服務員

想洗頭

「生完 BB 要做的第一件事，就是洗頭。雖然曾聽說有些人在坐月期間不會洗頭，但我比較注重自己的儀容，要每天也洗頭。可能在大肚期間，也沒有特別戒吃甚麼食物，所以傳統禁忌也不太理會。」

用過哪類
孕婦產品？

孕媽 Profile

Florence
生產期：2012 年 3 月 31 日
職業：採購文員

　　自從 bingo 有孕，人生旋即踏進另一階段。市面上專為孕婦而設的產品種類繁多，譬如側睡枕、托腹帶、孕婦胸圍及妊娠膏等。孕媽媽通常會選購哪些產品？原因是甚麼呢？以下 4 位孕媽媽，暢談所使用的孕婦產品。

用齊兩種枕

「懷孕期間，我幸運地無出現妊娠紋。雖然初期亦試塗妊娠膏一、兩次，但發現無太大關係。而懷孕四個多月，我開始使用三角枕，側睡時托住腹部，感覺較舒服。至懷孕六個月左右，便開始同時使用三角枕及 U 形枕。加上，U 形枕屬多功能，產後更可方便為 BB 餵哺母乳，一物多用。」

要用托腹帶

「由於肚子隨孕期不斷增大，所以在懷孕六個月左右，當我離家外出或上班，便開始使用托腹帶，有效承托肚部，紓緩腰背等不適。假若一時忘記使用托腹帶外出，感覺肚子很墜，需要不時用雙手承托。至於一些普遍的孕婦產品，如妊娠膏及側睡枕也有使用。」

孕媽 Profile

Betty
生產期：2012 年 6 月 13 日
職業：採購經理

129

搽按摩油

「好記得懷孕初期，大約懷孕第五周至四個月左右，老公每晚 non-stop 為我塗抹孕婦按摩油按摩肚子，紓緩我在初期妊娠嘔吐等不適。事實上，懷孕這十個月，老公真的很支持我，非常多謝他！」

孕媽 Profile

Qucilla
生產期：2012年3月30日
職業：幼兒中心校長

孕媽 Profile

Nicole
生產期：2012年5月7日
職業：人力資源經理

使用胎心機

「我也有使用孕婦產品如托腹帶、妊娠膏、側睡枕。而今次陀第二胎也跟上胎一樣，使用胎心機胎教，希望有助刺激胎兒腦部發展。以大仔為例，目前為止，其學習能力及反應也很快，而且較同齡小朋友高大。」

孕期有冇買
大肚衫？

孕媽 Profile

Kar Kar
生產期：2012年3月12日
職業：空中服務員

　　買靚衫、手袋、鞋襪，屬女人的天性；現在百物騰貴，不知你仍否願意花錢添置大肚服飾呢？還是應買則買？或節省開支呢？聽聽以下4位孕媽媽怎樣説。

多買鬆身衫

「沒有額外添置孕婦裝，現在的服飾也很鬆身，有時只需配襯一條 leggings 已經可以了。而且，產後又可以再穿，不用浪費。」

只買大肚褲

「只有買大肚褲，因往常穿着的褲不合身；反而，大肚衫卻沒有買，因自己較喜歡時尚的打扮，怕着大肚衫看上去會有土氣，產後亦不能再穿着。」

孕媽 Profile

Ada
生產期：2012 年 4 月 10 日
職業：家庭主婦

貪靚買大肚裙

「懷孕時曾有看一些大肚衫，但大多不是自己的心頭好，唯獨有一條大肚裙正合我意，又很美，所以便買下來，或許產後會轉贈給有需要的朋友。」

孕媽 Profile

Shirly
生產期：2012年4月15日
職業：家庭主婦

孕媽 Profile

Phoebe
生產期：2012年5月14日
職業：公關

專攻貼身L / XL衫

「主要也是買孕婦褲，共買了4條；而大肚衫真的沒有買，反而會買一些貼身的大碼或加大碼的針織衫，剪裁不會太鬆身，冬天穿着更可保暖。」

怎樣幫
BB改名？

孕媽 Profile

Tracy
生產期：2011 年 2 月
職業：秘書主任

　　當知道快將有 BB，除了預備 BB 出世後的用品，如奶粉、衣服及 BB 床外，最重要是為 BB 改名，妳又為 BB 揀好心儀的中、英文名未呢？不如看看以下 4 位孕媽媽如何為 BB 改名。

名字與德國有關

「其實 BB 的名字，無論中文及英文尚未有定案，擬臨盆前這一、兩個月，跟丈夫好好商量。不過，英文名已選好幾個，希望容易讀，加上我曾學德文，頗喜愛德國，希望 BB 的英文名也會與德國有關。」

交由玄學家改

「我們已為 BB 改好英文名，由於不想太 common，但也希望較易讀，最後由我在外地讀書的弟弟為 BB 改名。至於中文名方面，擬配合出生時辰，並由玄學家改名，所以 BB 暫時未有中文名。」

孕媽 Profile

Ronnie
生產期：2011年3月25日
職業：家庭主婦

讀起來好聽

「今胎已是第二胎,而且是囡囡,相信中文名的中間字會跟胞姐(大女)一樣。不過,我跟丈夫目前尚未有 idea,名字也不會有特別意思,但會選擇讀起來較好聽的名字,可能待 BB 出世後才改名。」

孕媽 Profile

Natalie
生產期:2011年2月28日
職業:理財顧問

孕媽 Profile

陳映彤
生產期:2011年3月8日
職業:採購員

按出生時辰改

「對於何時為 BB 改名,我跟丈夫已有共識。由於我會選擇剖腹分娩,相信會根據 BB 的出生時辰,交由玄學家改名,最重要也是希望囡囡將來一切順順利利,生活過得開心快樂。」

點為 BB
改英文名？

孕媽 Profile

Me
生產期：2014年10月18日
職業：美容師

懷胎十月，其實也要為BB出世後做準備，最簡單直接如改名。中文名字的搭配千變萬化，若加上時辰八字，改中文名可能有點頭痕，改英文名相對會是較輕鬆的一回事。最常見的是跟隨準爸爸或媽媽的英文名第一個字母，當然也可以有其他不同的原因，不如看看以下4位媽媽又會怎樣決定 BB 的英文名。

細女跟我用 M 字頭

「今次生第二胎，都係囡囡，同樣也是順產分娩出世。我的英文名是 M 字母開頭，老公則是 R。轉眼間，大女今年已經 2 歲大，很愛笑、很愛玩，英文名叫 Raimee，用了老公英文名字母開頭。

所以，今次細女的英文名，就會跟我用 M 字母開頭。細女早前順利出世啦，更已決定好叫 Mercy。雖然今次分娩過程令我痛得想死，但出院後感覺已好多了。」

改藝人楊洛婷英文名

「老公一直超鍾意女藝人楊洛婷，覺得她肥嘟嘟，給人感覺很開心。因此，今次第一胎知道是 BB 女，囡囡未出世已經順理成章地，決定採用楊的英文名 Rabeea，哈哈！

雖然英文名已經決定好，但中文名方面，如果也用洛婷好像有點不自然，所以我們都想好了，相信會用蕊妍，代表盛放中的花朵，名字好聽又帶點學識，有修養內涵的感覺。」

孕媽 Profile

Sara
生產期：2015 年 2 月 5 日
職業：勞資關係主任

138

單音又意思好

「今次第一胎是 BB 仔，計劃自然分娩出世。BB 英文名其實已改好，應該叫 Max。名字無特別意思，純粹自己和老公都覺得發音都 OK。不過，一開始考慮英文名時，我倆都從單音字方向去揀選，譬如 Max、Tim、Sam，然後再查字典那些名字的意思，最後就選用了 Max 這個名。」

孕媽 Profile

Christina
生產期：2014年11月24日
職業：全職媽媽

孕媽 Profile

Sophia
生產期：2015年2月25日
職業：自僱人士

中文名發音去改

「現在陀住是第一胎囝囝，一來怕痛，而且想 BB 擇日出世，所以決定到私家醫院剖腹分娩。自己跟老公都相信風水命理，所以會決定擇日剖腹分娩，仔仔出世後亦會先改中文名。

因此，仔仔的英文名選擇方面，如果可以的話，待決定好中文名後，若夾到中文名的近似甚至相同的發音，揀選到合適的英文名，這樣會最好。」

幾時砌好
BB床？

孕媽 Profile

Olivia
生產期：2011年10月14日
職業：家庭主婦

正當各位準父母萬般期待小寶寶出世，做足預備工夫，BB衫、奶樽、小玩具等一切就緒，原來其中一條懷孕禁忌竟然是過早砌BB床，BB有機會早產。究竟時下孕媽媽會否遵照傳統習俗，抑或百無禁忌呢？以下4位孕媽媽，分享她們的看法。

BB 出世後兩日

　　今次是第二胎，其實砌 BB 床好簡單，相信砌床的日子與第一胎相若，大約在 BB 出世後兩日左右。自己都相信 BB 未出世前，忌砌 BB 床的傳統禁忌。有朋友試過在 BB 未出世前砌 BB 床，意外刮花床邊，至下次覆診前發現 BB 有不妥，而分娩傷口竟與刮花的床邊長度差不多。

執房順便砌床

　　由於BB快將出世，家人需要執拾房間，騰出空間改造BB房，丈夫順道砌好 BB 床，方便整理家居。我本身都相信懷孕禁忌，譬如搬房、移床位等都盡量迴避。

孕媽 Profile

Candy
生產期：2011年12月18日
職業：家庭主婦

已經砌好 BB 床

今次第一胎是個女兒，雖然從雜誌曾看過一些關於懷孕的禁忌，如忌搬屋、移床位等，但未聽過懷孕忌砌 BB 床這項，所以已於懷孕七個月左右，由丈夫砌好 BB 床，相信不會對 BB 有影響。

孕媽 Profile

Carrie
生產期：2011年11月
職業：**顧客服務員**

孕媽 Profile

Wendy
生產期：2011年12月26日
職業：**銀行服務員**

臨生前才砌床

我本身沒聽過這條懷孕禁忌，但一家人也沒甚麼避忌，最重要是 BB 健康快樂出世及成長，估計臨盆前一個月砌好 BB 床。加上我的預產期正好是 Boxing Day，BB 出世也是一份特別的禮物，所以算是雙倍的開心。

用幾多錢
買BB用品？

孕媽 Profile

Milk
生產期：2011年7月13日
職業：家庭主婦

　　為BB添置新床、新衣、手推車等物品，花費確實不少。有些孕婦愛全新；有些愛環保；有些愛接受親友轉贈。究竟以下4位孕媽媽預算花費多少呢？

不多於 1 萬元

「沒有認真計算，因為有很多東西也不用買，大囡曾用的物品可以繼續使用，而阿嫂的囝囝又有很多衣物留給 BB，主要都是購買日常用品，應該不會多於 1 萬元。」

不超出 2 萬元

「暫時用了約 8 千元，已購買了手推車、奶泵、奶瓶、衫仔、沖涼用品等，BB 床也有朋友轉贈，還會購買汽車座椅等。不過，希望在購買 BB 日用品上，不超出兩萬，因為住院開支也很大。」

孕媽 Profile

Florence
生產期：2011年5月18日
職業：家庭主婦

預計約 1 萬元

　　「雖然已有兩個小朋友，但已相隔太久，很多東西已轉贈別人。所以，不論 BB 床、手推車、BB 衫、揹帶等用品，全部重新添置，預計用 1 萬元左右。」

孕媽 Profile

林秀香
生產期：2011年5月12日
職業：家庭主婦

孕媽 Profile

Wendy
生產期：2011年3月10日
職業：會計

約用 $2,500

　　「因為已是第二胎，今胎可以用回大仔的物品，主要開支在購買奶瓶、尿片、衣物、口水肩上，希望今次大概用 $2,500 左右。」

會否為BB
買教育基金？

孕媽 Profile

張小姐
生產期：2010年5月
職業：市場經理

　　孩子的教育，從來都是父母最關心的議題之一。部份人在計劃生育時，已作出打算，籌劃儲錢大計，希望以充足儲備，為他建立更好的將來。部份人會考慮購買教育基金，一步步儲錢，以下4位孕媽媽又怎樣打算呢？

不用預備太多

「我跟先生的收入都不太穩定，所以不會考慮這些儲錢計劃。而且我覺得也不用為他預備這麼多，這可讓他將來獨立些。反而買保險的作用比較大，始終有病痛時，較有保障。」

不信基金

「我不太認識這些基金，也不會作這方面的投資，我連保險也沒有買，我不信這些，覺得沒有回報，自己儲錢會比較好。其實，我暫時都沒有想過為 BB 儲錢的問題，覺得太長遠了。」

孕媽 Profile

Emily
生產期：2010年4月
職業：護士

懷孕前買定

「我在計劃生 BB 時，即約一年前已經買了，每個月供 $3,000，供 10 年，到他讀書時大約有 100 萬，如果他讀醫科可能不夠呢！不過，這樣對他將來也可以輕鬆一點。而且我認為沒有計劃地儲蓄，我怕會把收入花掉。」

孕媽 Profile

Gi Gi
生產期：2010年4月
職業：財務顧問

孕媽 Profile

Michelle
生產期：2010年3月
職業：家庭主婦

或考慮購買

「暫時還沒有計劃過，可能會考慮，或會去了解一下。我都會儲定錢讓他讀書，始終這樣會比較保險，對他將來讀書也會好一點。」

BB利是錢
點處理？

孕媽 Profile

Funny
生產期：2014年10月8日
職業：Playgroup幼兒導師
囡囡名字：Hannah

　　每逢農曆新年，又是小朋友收利是的時候！BB收到利是後，媽媽會怎樣處理？會為BB儲起將來用，還是會用來買東西給他們？一起來看看以下4位媽媽會怎樣做！

儲起買東西

「Hannah 上年的利是錢就儲起來了，入了去 BB 儲蓄開支戶口；而今年就會想儲來買多一點的新玩具和書本給她。新年的衣着方面，我已一早準備好 BB 旗袍給她，漂亮的迎接新年！」

留待將來拆利是

「我全部不會拆，會盡量留待囡囡長大後自己拆。其實上年新年時，我仍在陀 BB 期間，她已經收到不少利是，我都沒有拆，留起了。而在新年的衣着方面，我想主要都是顏色鮮艷、時尚一點的，因為自己本身都不喜歡太過中國形象的服飾。」

孕媽 Profile

Kar
生產期：2015年6月24日
職業：行政助理
囡囡名字：昕瑜

150

幫囝囝先儲起

「我現在已經開始同囝囝練習做恭喜發財的手勢，等他新年可以挀多點利是！而今年挀到的利是會幫他先儲起，留待將來才用。至於在新年的衣着上，我已經有心水及準備好，到時型仔地去拜年！」

孕媽 Profile

Fion
生產期：2015年9月3日
職業：酒店從業員
囝囝名字：Dexter

孕媽 Profile

Inki
生產期：2015年7月3日
職業：模特兒
囝囝名字：証澔

用作教育基金

「扣除了我派出去的利是，其他的一律做為 BB 的教育基金；新年衣着上，男孩子好像沒有太多可以選擇，所以都沒有去想或特別做準備，我連聖誕節都沒有買聖誕老人衫給他穿！」

送甚麼禮物
給寶寶？

孕媽 Profile

田君如
生產期：2010年10月14日
職業：文員

　　寶寶的降臨，是送給父母最好的禮物。作為媽媽的妳，總希望為孩子預備最好的生活環境及條件，讓他健康舒適。此外，對於即將來臨的小生命，妳覺得送他甚麼作為第一份禮物，最能表達妳對他的愛？

送 BB 一個「家」

　　「送給 BB 的第一份禮物？我覺得是送佢一個家。當然，一些物質上的東西，是基本的需要，但能提供一個充滿關懷的家很重要。在這方面，爸爸與媽媽要一起合作，爸爸也要分擔照顧 BB 的工作，我覺得他爸爸一定能做到。所以，送給 BB 的首份禮物，就是給他愛。」

送靚靚毛公仔

　　「我覺得製造一個開心的環境畀佢好重要。在這方面我準備了一些玩具，有 Happy Face 的玩具，軟軟的毛公仔。我覺得當孩子一出世，便能給他看見開心的東西，分享開心的感覺。另外，選擇玩具的原因是，小朋友對顏色特別敏感，例如鮮黃色等便能刺激視覺發展。此外，我想買有關兔仔或者雞仔的玩具，因為我與先生分別屬於這兩種生肖。」

孕媽 Profile

Maggie
生產期：2010年9月4日
職業：家庭主婦

送個「肚」給 BB

「在美國、澳洲很流行倒模自己懷孕時的肚形。我試過在海外訂材料，但是他們沒有海外送貨的服務，於是參考了網上的製作方法，在藥房購買石膏繃帶自己製造。其實，家姐懷孕時，我幫她整過，今次她會幫我整，完成後，便會上色、寫字及打手模，之後可以掛在客廳。送這個倒模給 BB 作為首份禮物，可以讓他將來看到，知道媽咪懷着自己時，原來肚形是這樣的，而他就在裏面，是一個很好的回憶及紀念。」

孕媽 Profile

Chole
生產期：2010年10月19日
職業：營養顧問

孕媽 Profile

Cherry
生產期：2010年11月19日
職業：採購

送幾個弟妹

「我覺得最重要是一個開心的家庭，多些兄弟姊妹。所以，我希望送多幾弟妹畀佢，最好可以生 3 至 4 個小朋友，讓他們彼此分享及扶持。我自己成長的環境都有 3 個小朋友，老公那邊更多達 10 兄弟姊妹。與一些獨生子或獨生女比較，我覺得在多兄弟姊妹的家庭成長的孩子，始終多了分享。不過，無論多少兄弟姊妹，一個充滿關懷及美滿的家庭是最重要的。」

帶唔帶

小B旅行？

孕媽 Profile

莫莫
生產期：2015年3月13日
職業：銀行
囡囡名字：壯寶

　　無論長途抑或短途，帶BB出行都無疑是一件樂事，但同時亦是難事。不知各位新手媽媽對帶小B旅行有甚麼看法呢？另外，相信不少準媽媽心中亦已經有了旅行的計劃。現一起來看看以下4位媽媽對親子旅行的想法。

一定要帶 BB 多去旅行！

「從 BB 出生就已經有計劃想一家人帶 BB 出去玩，但是只會選擇一些基礎設施較好，安全、舒適的地方，因為過程中要照顧 BB 會很辛苦。雖然 BB 年幼，但如果有機會，一定要帶 BB 多去旅行，比起每日只是接觸家人，BB 非常需要去見識下大世界，尤其是同齡小朋友。你觀察下會發現，當到達一個新的地方，BB 的眼神是不同的，你可以感覺到 BB 發自內心的喜悅。」

帶 BB 短途旅行幾好！

「我將來可能不會帶 BB 去長途旅行，錢並不是問題，主要是因為長途旅行中擔心照顧不好 BB。不過短途旅行的確有打算會去，譬如長洲、大嶼山、主題樂園。一方面是覺得長途旅行不適合帶年紀太小的 BB，另一方面是覺得香港有好多好好的地方平日卻無時間去。所以其實可以充分利用一下香港的資源。等 BB 大一點，1 歲左右，再考慮其他地方。」

孕媽 Profile

Hera
生產期：2016年4月13日
職業：教師

長途旅行會擔心！

「目前只是帶 Hugo 去過比較近的地方，例如深圳、東莞、廣州等。通常都是老公駕車，所以就比較方便。不過，每次還是要帶很多東西，有時候好似把整個屋企帶過去一樣，例如奶粉平時出街是帶一至兩餐，暫時未能帶 BB 去需要搭飛機的地方，因為始終有些擔心氣壓會令 BB 耳仔不舒服，而且會擔心在飛機上 BB 哭鬧的話影響到其他乘客。雖然帶 BB 長途旅行會有諸多不便，但比起自己去旅行、由家人幫手湊仔，始終還是希望 BB 可以一直跟在自己身邊。」

孕媽 Profile

Ring
生產期：2015年8月10日
職業：家庭主婦
囝囝名字：Hugo

孕媽 Profile

Katrina
生產期：2014年6月10日
職業：家庭主婦
囝囝名字：熙熙

帶 BB 返大陸鄉下玩！

「我其實未帶過大仔出國遠遊，但有試過幾次帶 BB 返大陸鄉下玩。今年 1 月尾又全家過台灣玩了 5 日 4 夜。如果帶 BB 到大陸玩，事前要做很多功課，包括要提前了解當地的天氣狀況，帶夠衫，以免凍親 BB。而 BB 的用品，建議大家盡量可以在當地買就在當地買，減少行李，否則真是有太多東西要拎。帶 BB 旅行其實大人會覺得累，BB 都同樣會覺得累，所以要安排妥當。」

大佳肚
怎樣過聖誕？

孕媽 Profile

Shampoo
生產期：2011年2月8日
職業：護士

　　聖誕是一個普天同慶的日子，如此開心的節日，又甚可少了肚內快將出生的 BB 呢？所以，孕媽媽們已計劃過一個不一樣的聖誕，有些會在家中坐月，有些會廣邀親友來家中慶祝，妳又打算如何度過呢？

買衫畀囝囡

「早已計劃了與大囡及丈夫一起吃聖誕大餐，然後，再為快將出生的兒子添置新衣、床上吊飾等，希望過一個開心的聖誕。」

招呼親友陪坐月

「聖誕節時，BB 已經出世了，所以應該會在家中坐月度過。不過，我應該會招呼親戚朋友來家中，一起狂歡，並着他們要謹記為自己及 BB 送上聖誕禮物。」

孕媽 Profile

Jessy
生產期：2010年12月14日
職業：家庭主婦

勁食過聖誕

「我想吃聖誕大餐、玩、購買 BB 用品，因為產後打算餵哺母乳，所以飲食上要小心，不可以胡亂進食，而且又怕修身不來，惟有在產前先行大吃大喝一番，滿足口腹之慾。」

孕媽 Profile

Cindy
生產期：2011年1月11日
職業：會計經理

孕媽 Profile

Ronnie
生產期：2011年3月25日
職業：家庭主婦

趁減價去掃貨

「以往也會出外看燈飾，但今年應該不會，因為太擠迫，所以會與丈夫及家人一起度過。雖然已經買了很多禮物給 BB，但也想趁着聖誕期內的減價，再購買 BB 床及其他用品。」

聖誕帶BB
去邊玩？

孕媽 Profile

Ivy
生產期：2014年8月30日
職業：客戶服務
囡囡名字：霖霖

「又到聖誕！又到聖誕！」普天同慶的聖誕節快到了，媽媽們想好了今年帶 BB 去邊度玩未？會如何替他們打扮？又會準備聖誕禮物給孩子嗎？一齊來看看以下的 4 位媽媽準備如何與 BB 度過這個歡樂的節日吧！

每年一相

「其實我還未決定如何過，如果時間許可，都希望可以帶囡囡坐飛機去旅行。聖誕節我會為囡囡打扮一番，上年買了一條聖誕裙給她穿。今年都想為她打扮成與聖誕節相關的裝扮，例如聖誕樹、聖誕鹿等！哈哈！或者會把她再塞入上年的裙中，再影多次相。因為扮公主的話，待她長大後可能會自己要求，現在則要趁她還未太有主見時，打扮成有趣的裝扮！至於聖誕禮物，我就未必會買了，不過，每年的聖誕節都會與囡囡影相，之後會用來做一本紀念冊。」

特別的聖誕禮物

「聖誕節當日下午計劃會叫一些與团团同齡的小朋友來到我們家，開一個聖誕派對！一起做手工，畫聖誕卡等，到晚上就會去看燈飾，食聖誕大餐。我都會幫团团扮聖誕老人，因為扮聖誕老人感覺比較開心，又可以派糖果、一些心意給其他的小朋友。禮物方面我都會準備，應該會準備盆栽，因為盆栽有生命力，又比較特別，可以與团团一同留意盆栽的變化，又可以讓他對大自然的事物更有興趣。」

孕媽 Profile

Christina
生產期：2014年7月24日
職業：化妝師
团团名字：溱溱

用眼睛去感受

「我還沒有頭緒聖誕節帶囝囝去哪裏玩,可能因為他太細了。當然,我都會帶他去睇燈飾,會同佢打扮,多數都是扮聖誕老人,因為他的肚腩夠大!至於禮物,我都會準備的,但可能是一份空心的禮物,包裝會很精美,讓他有拆禮物的體驗就好了。其實小朋友沒有太大的要求,要求的還是成年人罷了!我想小孩用眼睛去接觸事物多一點,而不是『擁有』的才是擁有。」

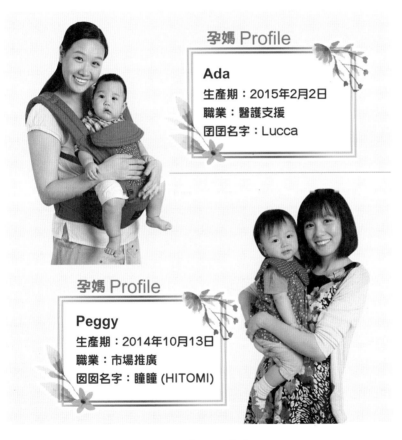

孕媽 Profile

Ada
生產期:2015年2月2日
職業:醫護支援
囝囝名字:Lucca

孕媽 Profile

Peggy
生產期:2014年10月13日
職業:市場推廣
囡囡名字:瞳瞳 (HITOMI)

日本過聖誕

「我們已計劃聖誕期間,會與爺爺及嫲嫲到日本九州玩。我亦準備好會幫囡囡穿上聖誕老人裝的衣服,扮成聖誕老人,感受節日的氣氛。至於聖誕禮物方面,因為我還沒有想好,所以就等待在日本旅行的途中慢慢發掘吧!」

孕媽新年
怎樣度過？

孕媽 Profile

Debbie
生產期：2011年1月6日
職業：財務策劃

　　新年伊始，人們總愛許願、訂立目標，熱切迎接新氣象，對於部份孕媽媽來說，更快將生 BB 呢！不知道以下 4 位孕媽媽又會怎樣迎接新一年呢？

「打孖」開派對

「以前工作至上，往後一切會以 BB 為先。另外，我跟丈夫已商量，將 BB 的滿月宴跟結婚周年紀念以派對形式同日舉行，預料約 200 人出席，屆時想必開心盡興。」

等待跟 BB 相見

「目前陀着第一胎的心情，既緊張又特別，計劃生產時採用自然分娩，經歷成為媽媽的痛楚。BB 的預產期是農曆新年，希望會在熱鬧喜氣洋洋的氣氛下跟我們見面，未知 BB 又會否趕及揸利是呢？」

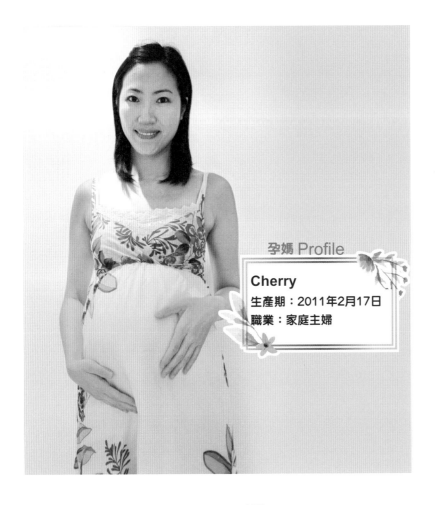

孕媽 Profile

Cherry
生產期：2011年2月17日
職業：家庭主婦

BB 陪開舖

「新一年一定是人生中最期待的一年；懷孕後上了很多講座，渴望親自照顧 BB，跟 BB 多些親子接觸。另外，自己開舖做生意，相信那時工作期間也有 BB 作伴。」

孕媽 Profile

Jessica
生產期：2011年2月10日
職業：高級健康顧問

孕媽 Profile

Shampoo
生產期：2011年2月8日
職業：護士

工作中度過

「今次第二胎陀的是個 BB 仔，元旦應該需要工作，但也熱切期待 BB 出世。另一方面，上次生囝囝後，坐月時未有好好進食補身，身體表現虛弱，所以今次特意提早聘請工人負責煮食，待產後有足夠休息。」

如何與 BB
一起過年？

孕媽 Profile

Catherine
生產期：2013年12月17日
職業：補習社創辦人

香港人向來重視節日，由十二月到二月，更是一連串的節慶日子，街道上電視上都充滿了節日氣氛。而中國人向來最重視的農曆新年，各位媽媽又會怎樣和 BB 慶祝節日，會否為寶寶送上驚喜呢？

一家人慶祝

「由於 BB 早了出世，所以我們不但可快快樂樂過聖誕，更令我能趕及在農曆新年前坐完月，可以參加各種過年活動。不過 BB 在二月時還只有一個多月大，為了她的健康着想，我不會帶 BB 到處去拜年，但我會代 BB 接受大家的新年祝福，幫 BB 接收和管理利是！

其實，在這些喜慶的日子中，BB 已是我們一家的禮物，我們很高興能在如此歡恩的日子中，有新生命和我們一起度過，特別是我的小兒子，他一直都十分期待成為哥哥，常常對着妹妹說話呢！」

和家人一起度過

「我認為不論是哪一個節日，最重要都是和家人在一起。我覺得農曆新年是特別重視團圓節日，因此我很高興今年有多一位家庭成員加入。雖然我們未有打算外出湊熱鬧，但會一家人齊齊整整地享受節日時光。同時我亦會為家人準備不同的禮物，更會買多一些粉色的衫仔褲仔，給 BB 過年呢！」

孕媽 Profile

LamLam
生產期：2013年12月15日
職業：家庭主婦

168

丈夫煮美味大餐

「想不到 BB 突然提早出世，可能他特別想和我們過聖誕和新年吧！農曆年時我剛剛坐完月，應該可以正常走動，不過為了 BB 健康着想，無計劃去人多的地方慶祝，主要都是和家人一起吃飯和拜年。同時我也會把家中佈置得很有氣氛，也會請丈夫為我們烹調美味的大餐。為了慶祝這喜慶的日子，我打算為 BB 和大女準備一些小禮物，暫定是玩具和衣物等較實用的物品。其實新年只要一家人在一起，再加上剛出世的寶寶，便一定可以過得很溫馨呢！」

孕媽 Profile

Winnie
生產期：2013年12月6日
職業：家庭主婦

孕媽 Profile

Pinpi
生產期：2013年11月21日
職業：家庭主婦

親手製小斗篷

「農曆新年應該剛剛坐完月，會否外出慶祝，則要視乎自己和 BB 的健康狀況。不過我自懷孕起便為 BB 準備了一份禮物，那便是親手編織的小斗篷了。雖然我之前曾經編織過頸巾，但織斗篷還是第一次，很有信心會成功！而為了 BB 穿得更舒適，我特地買了嬰兒衣物專用的毛冷，以防 BB 會有敏感的情況，希望他會喜歡這一份禮物啦！」

Part 3

要陀B陀得好，除了飲食健康之外，做運動
是少不免的。孕媽做產前運動，除令自己和
胎兒健康外，還有助分娩。本章介紹多種
產前及產後運動，孕婦可選一些合你做
的來做，相信對你有很大幫助。

在職孕媽
辦公室也運動

專家顧問：黃心然 / 註冊物理治療師

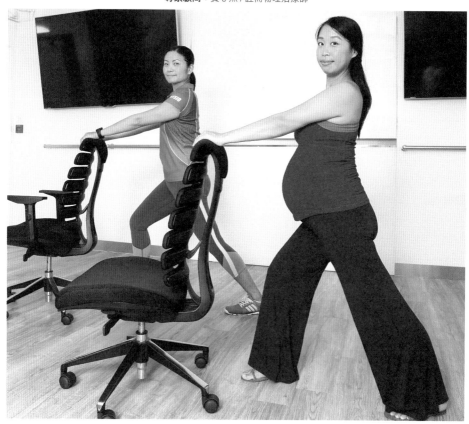

今時今日，不少孕媽媽都是白領一族，經常要坐在辦公室，一坐就是一整天，而下班、放假的時間又沒有時間做運動，對懷孕其實沒大益處。不過，即使身處辦公室，其實也可把握空餘時間，利用座位空間，做些簡單的運動，適時活動一下身體，工作起來會更有勁呢！所以，本文物理治療師為上班族孕媽介紹幾個辦公室運動，讓孕媽坐着也可做做運動、舒舒筋骨！

強化肌肉減腰背痛

物理治療師黃心然指，懷孕期間，因 BB 在孕媽媽肚中不斷生長，胎兒的重量令腰椎向前彎曲，便增加了腰椎的壓力，令孕媽媽容易有腰痠背痛。而以下介紹的動作中，有幾個是針對訓練核心穩定肌肉，包括腹橫肌及骨盆底肌；當核心穩定肌肉被強化，就有力量支撐腰椎，孕媽的腰背痛問題便可得以改善。

每組動作一天做 3 次

接下來會介紹 6 組動作，當中以坐為主，也有一個站立的動作，孕媽可找有利位置進行。而黃心然表示，各組動作每天都可以做 3 次，如分作早上、午膳時間，和下班前做。另外，各組動作要維持的時間不同，但均是每次重複做 3 至 5 個循環，是為一次。堅持練習大有益處，孕媽一於照指示完成啦。

訓練腹橫肌

背部挺直坐好，可放一個咕咂在背後。

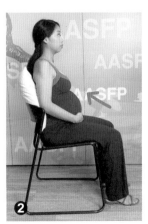

吸氣準備，呼氣時感受肚臍以下地方向內收縮，保持正常呼吸3至5秒。

功效：腰椎因懷孕受壓，此動作訓練腹橫肌，可減輕腰痠背痛。

下背伸展

功效：訓練下背及肩膀肌肉。

① 挺直坐在椅上，手掌放在檯面。

② 雙手推向前，背部呈弧形。

③ 吸氣準備，呼氣時收腹，稍把椅子退後，保持正常呼吸 10 至 15 秒。

訓練骨盆底肌

功效：懷孕會令骨盆底肌肉受拉扯，此動作就可防止小便失禁。

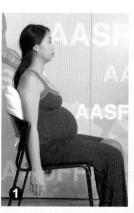

① 拿一個咕臣或小球置於雙腿之間，背部挺直。

② 骨盆底帶動雙腿夾緊小球，感覺猶如憋小便，肚腹收縮。

旋轉伸展

功效：訓練使脊椎和胸椎得到放鬆。

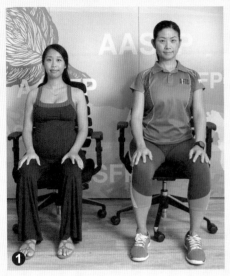

① 在椅子上腰背挺直坐好。

② 向左邊旋轉上身，雙手扶住椅柄或椅背，維持 10 至 15 秒。
右邊重複做。

側彎伸展

功效：放鬆肩膀，伸展腰部肌肉，紓緩孕期的腰痛。

① 挺直坐好，左手伸直舉高。

② 上身向右側彎，維持 10 至 15 秒。

③ 到另一邊時，右手舉高伸直，上身向左側
彎壓下，同樣維持 10 至 15 秒。

175

小腿伸展

功效：伸展小腿肌肉。

❶
挺直站在椅子後方，雙手
扶住椅背頂。

❷ 左腳向後踏開，全身帶動離開椅子少許。

❸ 右膝向前屈曲，左腳向後伸直，腳踭貼地，腳趾向前，維持伸展 10 至
15 秒。

輕鬆耍太極
養中氣生仔有力

專家顧問：劉祺智 / 太極坊教練

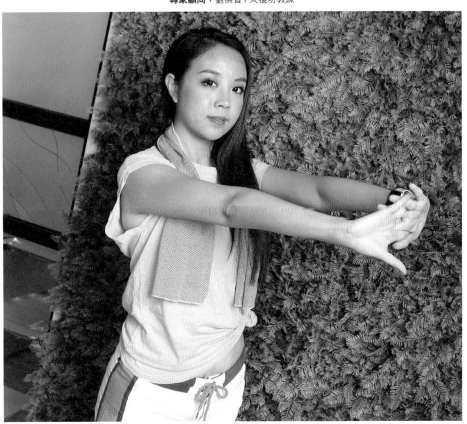

　　孕媽媽因肚子不斷脹大，而常感腰痠背痛，坊間多建議做針對肌肉群的拉筋動作，以放鬆肌肉，但不知各位孕媽媽又有沒有想到，原來蘊含中國傳統智慧的太極，亦有助紓緩妊娠不適，兼可以養中氣。夠中氣，生仔都有力一些！其實太極動作慢悠悠、輕鬆，非常適合腹大便便的孕婦，而且其動作還常用到胯部，可鍛煉盆骨的靈活性，對生產很有幫助呢！以下介紹入門的太極方拳五式，孕媽媽不妨一試呢！

孕婦耍太極好處

- 太極動作簡易、輕鬆，適合孕婦。
- 太極動作講求骨架要端正，身體要挺直，不可歪斜一邊，長期耍太極有助修正盆骨、背脊、頸椎，改善駝背。
- 太極講求由「意」帶動肢體動作，耍太極時要緩慢、心平氣靜，全身肌肉要放鬆，長期訓練可陶冶性情，放鬆緊繃肌肉。
- 太極動作着重腰胯的部位，講求由腰胯帶動全身，非用「手腳死力」，可鍛煉盆骨靈活性，有助生產。
- 太極有助養中氣。中氣足夠，則說話聲線響亮，發力較好，生仔時也較有力。

注意事項

- 宜穿寬鬆舒適衣服進行太極。
- 耍太極時動作要緩慢，由「意」帶動肢體動作，用「意」不用力，切忌心急。

安全事項

- 進行扣步、撇步的動作時，要用非重心腳去進行 (虛實要分清)。

今次教授簡易的方拳五式，適合入門初學者，孕媽媽一起來做運動吧！

預備動作：預備式

全身直立放鬆，雙掌微微提起，腳尖向前，眼望前。腰、頸保持垂直，至整套動作完結。

178

基本動作：1 式太極起式

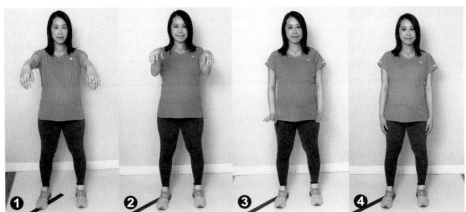

① 手腕放鬆向上提起接近肩位置，雙手呈美人手狀。

② 肩膊及手指放鬆，沉肘兩手收回。

③ 放鬆兩掌沉下。

④ 放鬆腰胯部，令膝蓋微曲，坐腿。

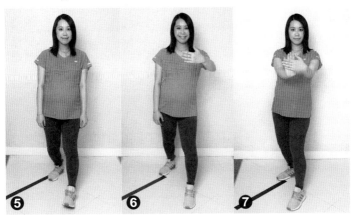

⑤ 把重心移至右腳，放出左步，左腳踭輕輕着地。

⑥ 慢慢提起左手，掌心對着胸口位置。

⑦ 慢慢提起右手，虛按左掌，掌心對掌心。

向右轉胯，帶動左腳內扣45度。

⑧

⑨

弓步向前。

2 式七星勢

① 右掌向右方伸出。

② 身轉右，兩手移向中間，右腳尖着地。

③ 放右步，腳尖向上，左手指尖貼右手腕。

---

3 式攬雀尾

① 彎腰反掌。

② 踏實右步弓前，兩掌移向右角，腰向左轉。

③ 身體仍弓前，腰轉右。

④ 坐後。

⑤ 兩手反掌按落，再微微往下掃。

⑥ 踏實右腳，弓步向前推掌。

4 式合太極

① 右勾手放平，重心移往右方，雙手拉開

② 收左腳青右腳，雙手交加，掌心向下，面向前方。

---

5 式單鞭

① 勾右手同時扣右步。

② 眼望左方，橫開左步並坐馬。

③ 腰轉向左方，回腰按掌。

④ 結束動作：扣正右腳，雙手放下，起直身，收式。

181

伸展運動
踢走肩頸腰背痛

專家顧問：Kristy Yeung/Fitness Express 課程培訓總監

　　隨着腹中的寶寶漸漸長大，平日仍舊需要工作或料理家務的孕媽媽，少不免會開始出現各種腰痠背痛或肌肉不適。到底有甚麼紓緩性的運動能夠應對此類問題？本文資深教練為大家介紹幾組有助紓緩肩頸、腰背的簡單伸展動作，即使是之前沒有運動習慣的孕媽媽也適合進行！

孕期為何會腰痠背痛？

由於生理上的變化，懷孕期間孕媽媽的肩頸腰背容易出現各種痠痛不適，主要原因可歸納為：

1. 身體的改變

人體內的脊椎呈 S 形弧度，能幫助適度吸收外來震盪力，並同時支撐身體。然而，到了懷孕後期，子宮被胎兒日漸撐大，孕媽媽的骨盆腔開始前傾，令腰椎曲度增加，為求平衡，身體只好挺腰用力，長期用力可能導致腰背肌肉出現痠痛的問題。

2. 荷爾蒙的改變

此外在懷孕期間，母體會開始分泌一種名為「弛緩素」(relaxin) 的荷爾蒙，以鬆弛骨盆腔及身體各處的關節韌帶，為產出胎兒作準備。不過，這類荷爾蒙亦同時影響了肌肉的支撐力，增加肌肉拉傷的風險；再加上懷孕期間急速上升的體重，孕媽媽鬆弛的肌肉更可能會加重關節的負擔，令肌肉痠痛叢生。

注意事項

- 本文介紹的簡單伸展運動，均適合不同懷孕階段的孕媽媽進行，有需要的孕媽媽可每天進行。
- 下述的伸展動作宜順着次序完成，以便順利帶動各組肌肉，事半功倍。
- 進行運動時，注意避免拉伸過度，每組伸展動作可維持 15-20 秒。
- 進行需要平衡力的動作時，孕媽媽要量力而為，切勿過於急躁。

本次運動所需物品：1. 瑜伽墊　2. 分娩球　3. 無靠背椅子

紓緩肩、頸、膊的肌肉痠痛：1. 伸展肩胛提肌(左/右)

① 先小心地坐在分娩球上，雙腳向外打開，與生產球保持一步的距離，平穩安坐，以減低腰椎的壓力。

② 挺身坐正，頸椎向後微移，回歸正確的位置，把頭部向左邊平側，左手置於右側的太陽穴附近，輕輕下壓。

③ 再把頭部向右邊平側，右手置於左側的太陽穴附近，再次輕輕下壓。

2. 伸展上斜方肌

坐在分娩球上，確保頸椎位置正確，把頭部轉向左邊約 45 度，眼望下方，把左手置於後尾枕上，輕輕下壓。　再把頭部轉向右邊，把右手置於後尾枕上，再次輕輕下壓。

3. 伸展頸屈肌

挺身在分娩球上坐正，讓頸椎向後微移，維持在正確的位置。　兩手交叉置於後尾枕上，垂頭下巴往下放，雙手放鬆輕輕下墜，不必用力下壓。

4. 伸展三角肌 (肩膊)

安坐在分娩球上，先在肩水平上向前張開左手，手心向天；右手跨過左前臂，以手腕扣着前臂。

右手微微用力，輕輕將左手撥到右邊，用少許的力量把左臂推向身體。

然後換以右手向前張開，手心向天，用左手腕扣着前臂，重複上述動作。

紓緩腰、背的肌肉痠痛：

5. 伸展背闊肌

坐在無靠背的椅子上，打開雙腳；放鬆雙手，先把右手臂向後屈曲，左手置於右手肘上，同時輕輕往後推。

坐穩後，再緩緩向左側 45 度傾前拉伸。

接着換成左手臂向後屈曲，並重複上述動作，緩緩向右側 45 度前傾。

185

6. 伸展三頭肌

小貼士

　　推手肘時注意不要往側推，避免壓向頭頸部。

① 坐在分娩球上，舉起並放鬆雙手，先把左手臂向後屈曲，右手置於左手肘上，輕輕往後推。

② 放鬆雙手，然後換成右手臂向後屈曲，並重複上述動作。

7. 下腰背伸展

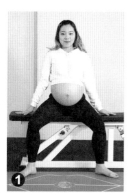

① 先打開雙腳，安坐在無靠背的椅子上，雙手置於兩腿側。

③ 然後把上身轉向左方，換以左手扶着椅子，重複上述動作。

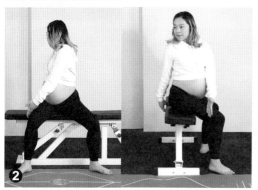

② 右手扶着椅子，上身從正面轉向右方，再以左手手背擋在大腿右側。

186

8. 伸展外斜肌

先坐在無靠背的椅子上，雙腳打開；右手置　坐穩後，舉起右手。　　　　　再緩緩往左側傾落。
於大腿側，左手放在肚子右側。

然後換以右手放在肚子左側，並舉起左手，重複上述動作。

孕婦瑜伽 7 式
紓緩孕期不適

專家顧問：Katie/ 註冊助產士兼瑜伽導師

　　懷孕期間，胎兒在子宮內日漸成長，難免會對孕媽媽造成各種身體不適，如腰背痛、盆骨痛、水腫等。為了緩解這些生理不適，同時為順利生產作準備，在孕期間進行孕婦瑜伽是一個好選擇。本文註冊助產士兼瑜伽導師為大家介紹幾款實用的孕婦瑜伽式子，有興趣的孕媽媽不妨跟着試試！

孕婦瑜伽作用

孕婦瑜伽是指專門為增強孕婦體力、肌肉張力及平衡感所設計、修改的瑜伽動作。不同於普通的瑜伽動作，孕婦瑜伽主要通過呼吸練習、瑜伽式子以及伸展動作，以促進孕媽媽的身心健康，對分娩及產後恢復甚有裨益。而孕婦瑜伽中特別重視的呼吸練習，能助孕媽媽盡早掌握實用的呼吸方法，在分娩時放鬆身心。

孕婦瑜伽好處

註冊助產士兼瑜伽導師 Katie 指出，孕婦瑜伽對孕媽媽的好處可分為「身」與「心」兩方面：

身

❶ 紓緩身體不適

有助紓緩懷孕時的身體不適，如腰背痛、盆骨痛、便秘、腳部水腫等。

❷ 增加柔軟度

加強孕媽媽的柔軟度，以配合生產時需要使用的姿勢。

❸ 支撐胎兒重量、有助順產

着重鍛煉孕媽媽的腹力、腰背力等的核心肌肉力量，以支撐腹中胎兒的重量，同時有助生產時更順利地娩出胎兒。

心

❶ 減壓

有助紓緩懷孕時的心理疲累，放鬆緊張的心情，有效減輕孕媽媽的壓力。

❷ 助眠

對受失眠困擾的孕媽媽來說，做孕婦瑜伽有助睡眠。

不宜進行

若孕媽媽具以下情況，就不宜進行孕婦瑜伽：

- 高血壓　　• 胎盤前置　　• 產前出血

除此以外，若孕媽媽有其他情況，不知自己是否適合做孕婦瑜伽，應先諮詢婦產科醫生。

運動時注意事項

- 受懷孕時的荷爾蒙影響，孕媽媽在運動的過程中容易出現過度伸展情況。因此，在進行伸展動作時若突然感到刺痛，應馬上停止該動作，同時切忌用力過猛。
- 進行瑜伽運動期間，應保持規律的呼吸，切勿閉氣，以防身體減少胎兒的氧氣供應。此外，在運動期間保持暢順的呼吸，更有效促進身體的血液循環，對孕媽媽和胎兒均有好處。

1. 貓式

雙膝跪於毛毯上，以雙掌撐起身體，然後吸氣，保持平背，頭向前望。

再呼氣，緩緩彎腰弓背，把頭垂低，同時收緊盆骨底肌肉，再呼氣並回復平背，重複動作約 5-10 次。

作用：有助紓緩腰背痛及盆骨不適，強化腰、腹、背的核心肌肉力量；同時強化盆骨底肌肉的彈性及承托力，利於順產。

2. 蝴蝶式

挺直安坐在瑜伽墊上，腳掌合十，置於身前約一腳掌距離，雙手伸前，放在身前的 2 塊瑜伽磚上。

腰背慢慢往前傾，壓下大腿內側的肌肉，雙手向前伸，以前臂扶着瑜伽磚，維持 1 分鐘。

TIPS：有需要可將枕頭置於盆骨下，以助腰背挺直，保持良好坐姿。

作用：有助打開盆骨，適當地增加柔軟度，幫助生產；同時促進盆骨部位、子宮的血液循環。

3. 蹲式

坐在相疊的2塊瑜伽磚上，腰背挺直，再將雙腳打開，雙手置於膝上。　然後雙手合十，閉眼靜坐約20-30秒，可配合進行呼吸練習。

作用：有助打開盆骨，能加強大腿內側的柔軟度、血液循環；同時亦能紓緩壓力，減輕焦慮。

---

4. 門閂式

單膝跪於毛毯上，另一隻腳向外伸直；雙手向兩側張開，保持身體平衡。

然後緩緩垂下與外伸腿同一側的手臂。

以手撐着大腿，另一隻手帶着上肢往另一側慢慢伸展、落下，維持約5-10秒。把上述動作左右對調重做，整套重複約5-10次。

作用：強化並伸展腰腹背核心肌肉力量，尤其側腹肌的深層肌力，以減少腰背痛。

5. 站立前彎式

站在瑜伽墊上，把2塊瑜伽磚或矮凳置於身前，張開雙腿俯身向前，雙手垂直撐在瑜伽磚或矮凳上。

彎腰傾前，用前臂扶着瑜伽磚，腰背保持挺直，維持1分鐘。

作用：有助伸展大腿後方肌肉及小腿後方肌肉，以減輕水腫、促進血液循環；同時有助強化腰、腹、背的核心肌力，有效減輕腰背痛。

6. 單腿頭碰膝式

一腿向內屈曲，另一腿往外伸直，挺直安坐於毛毯上；雙手伸前，靠在身前的2塊瑜伽磚上。

身體慢慢往伸直的腳掌緩傾，兩掌相握，以前臂扶着瑜伽磚，維持1分鐘。可換另一隻腳重複上述動作。

TIPS：避免過份伸展，宜配合自己的呼吸及身體節奏進行。

作用：適當地伸展大腿內側，有助打開盤骨；同時拉長背部，保持腰背挺直，有效減少腰背痛。

---

7. 坐地前彎式

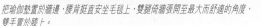

把瑜伽墊置於牆邊，腰背挺直安坐毛毯上，雙腿倚牆張開至最大而舒適的角度，雙手置於膝上。

然後雙掌撐牆，腰背緩緩前傾，並靜坐約20-30秒。

TIPS：注意雙腳避免過份伸展。

作用：協助伸展大腿內側，打開盆骨，以增加柔軟度，幫助生產，並紓緩腰背不適。

孕媽潮學
普拉提動起來

專家顧問：Ada Chaw/ Health Beauty Workshop 課程導師

　　相信不少孕媽媽都有聽過普拉提（Pilates），這種運動乍看有點像瑜伽，甚至有人誤以為這是瑜伽的其中一個派系；然而普拉提自有一套理論與動作，對於強化核心肌群有很好的作用。普拉提之所以在大肚界流行，因為它非常適合孕媽媽練習，對於懷孕、以至產後都好處多多。本文介紹普拉提幾套動作，各位孕媽趕快動起來練習吧！

甚麼是普拉提？

　　這項運動是由德國人 Joseph H Pilates 創立並推廣。過去幾十年來，普拉提運動已被物理治療師改良，以提高安全性和強調訓練不穩定部份。到現在，普拉提運動已廣泛地應用於醫療機構，作為復康和訓練用途。

　　普拉提泛指所有運用 Joseph Pilates 動作來鍛煉的課程，課程內容可以是集體健身課程，或是由一個教練為糾正某種特殊損傷、肌肉不平衡或其他身體問題而開設的訓練課程。簡單來說，普拉提是一種鍛煉及強化核心肌群的運動。

- 進行普拉提短短 5 分鐘，身體就會有發熱、冒汗的現象
- 呼吸運用十分重要，練習時用鼻子吸氣、用嘴呼氣，每個姿勢都必需與呼吸協調
- 用具方面通常會用到地墊，其他工具如小球和 magic circle 因應不同動作運用，有幫助穩定動作、訓練微細肌肉的作用

孕媽媽練習好處

- 強化腹橫肌，從而改善因懷孕引致的腰背痛
- 強化骨盆底肌，改善因懷孕而起的尿滲問題
- 糾正錯誤的站姿及坐姿
- 增強肌肉力量，有助產後收身，塑造腰部、腹部及臀部的曲線
- 因肌肉力量增強，減少因照顧寶寶引致的肌肉勞損及痛症

注意事項

- 每個人的身體狀況都不同，進行前應先諮詢醫生意見
- 醫生確定胎兒穩定後便可進行，實際時間因人而異，一般是首 3 個月後
- 進行時應量力而為，運動強度不宜過於猛烈，覺得難受便應停下
- 做普拉提前應先熱身，可以原地踏步

1. 調整骨盆動作

① 雙手放於盆骨上，雙腳打開與肩同寬，保持膝 蓋微屈曲。

② 吸氣，把盆骨輕微前傾。

③ 呼氣，同時使用下腹力量，輕微將盆骨後傾。

④ 重複動作3次，最後一次停頓10秒。

作用：調整骨盆，有助改善因長期骨盆前傾的站姿，以及所導致的腰背痛。

* 視乎個人能力練習，以 3 下為一組，覺得疲累便可停下。

2. 普拉提腳轉圈 (站式)

① 雙腳與肩同寬，一手扶住椅子，保持站立穩定；盆骨保持中立，提起一側腳踭，將身體重心放於另一側。

② 輕微收緊橫腹肌保持骨盆穩定，再將已提起的腳順時針轉動3圈；劃圈保持流暢連貫，集中核心肌群力量引導動作。

③ 再反方向逆時針轉動3次，另一邊腳重複以上動作。

作用：加強髖關節靈活，提高骨盆的穩定性，收緊腰腹部核心肌群。

* 視乎個人能力練習，覺得疲累便可停下。

3. 伸展背部動作

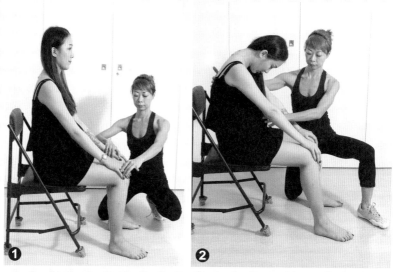

① 坐在椅子上打開雙腳，兩腳與髖關節同闊，兩肩下沉。

② 下腹、中腹、上腹及胸椎4點用力彎下，身體側面看呈 C 字形。

③ 維持數秒後，緩緩起來至挺直。

作用：改善坐姿、伸展背部，並能收緊下腹部，預防肚皮鬆弛。

* 視乎個人能力練習，覺得疲累便可停下。

4. 骨盆捲動

① 在墊子上平躺，雙膝屈曲，兩腳與髖關節同寬，並將小球夾在中央。

② 腰椎呈自然弧度，不要緊貼墊上，保持腹橫肌宜微收緊，鼻吸氣作準備。

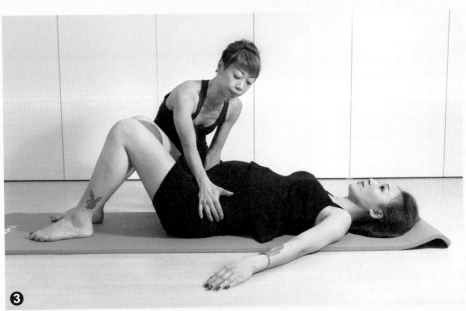

③ 口呼氣同時施力於腹橫肌，將腰椎壓貼於墊上，保持數秒，並感受小球被夾緊；同時收緊骨盆底肌，感覺如憋小便般。

作用：強化盆底肌肉，預防尿滲，以及能紓緩腰背痛。

＊視乎個人能力練習，每次可做 8 至 10 下，覺得疲累便可停下。

中醫教路
簡單動作減痛症

專家顧問：李卓林 / 註冊中醫師

　　孕媽媽在懷孕期間受多種痛症影響，腰、手、腳等部位會感疼痛，對生活的影響着實不少。抽點時間做運動可以幫助減輕痛症，但有時不適感覺已經很嚴重，若果要做太劇烈的運動，相信對孕媽媽來說亦是種負擔。本文介紹的運動，不單做法簡單，而且沒有特別的道具需求，孕媽媽大可安坐家中，輕鬆踢走纏人的痛症！

舒展筋骨減痛楚

　　是次介紹的運動，由李卓林中醫師改良自道家的引體令柔十三式，而今次示範的動作，均屬於招式裏的首三式。這項運動有部份動作需要彎腰，胎兒很大或活動不太靈活的孕婦未必可以做到。為了安全起見，她們要坐在椅子上進行彎腰動作。這些動作可以針對孕婦的上肢及下肢不適，讓她們可以放鬆筋骨，紓緩產前產後關節及肌肉的疲勞及疼痛。而這些動作不論是懷孕初、中、後期都可以進行，對胎兒的壓力十分小。

持續十日可改善痛症

　　李醫師指，孕婦只要做一、兩次這些動作就可以放鬆身體，不過剛開始可能會有運動後的疲累及痠軟感覺。當孕婦堅持連續十天做這些動作的話，肌肉就會漸漸放鬆，疼痛就會漸漸減少。李醫師提醒孕媽媽，若她們未有堅持做這些動作的話，痛症可能會得到改善，但不會完全根治。另外，若孕媽媽在連續做這些動作十天後，覺得疼痛仍未有改善的話，可能代表她們已有肌肉發炎、關節錯位或平時姿勢不正確等問題，需徵詢醫師意見，尋求改善方法。

1. 伸展胸大肌、背闊肌運動

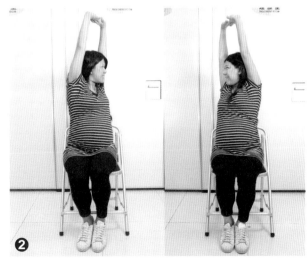

❶ 孕婦穩坐椅子上，雙掌屈著，並朝舉起。

❷ 保持手臂舉起的狀態，身體往左邊旋轉，保持十秒。保持手臂舉起，身體再往右邊旋轉，保持十秒。

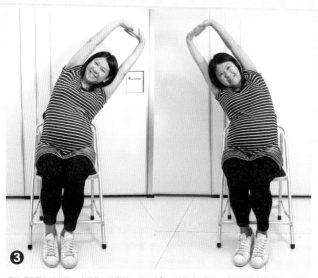

保持手臀舉起的狀態，身體往左邊彎腰，保持十秒。保持手臀舉起，身體再往右邊彎腰，保持十秒。

保持手臀舉起的狀態，腰部稍微往後彎曲，胸部微微向上，動作保持十秒。

功效：紓緩肘、肋疼痛。

2. 開合伸展髖關節運動

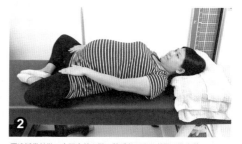

躺於床上，大腿分開，提膝屈曲，雙腳踏在床上。

兩邊腳掌並攏，大腿向外分開，雙手稍用力壓着雙腿約十秒。

作用：減低生產時，髖關節的緊繃程度。
* 孕婦下床時，宜先打側躺着才慢慢下床。

有需要的話，也可由別人幫忙壓腿。

3. 股四頭肌牽引髖關節動作

孕婦躺於床上，左手握着左腳向上曲起，保持動作約十秒並重複十次。

做完左腳後，可以做右腳，同樣以右手握着右腳屈起，保持動作約十秒並重複十次。

功效：放鬆繃緊疼痛的尾龍骨。

---

4. 伸展小腿動作

雙手扶於牆邊，右腳屈起貼於牆邊，保持動作約十秒並重複十次。

做完右腳後可以做左腳，同樣以雙手扶牆，左腳屈起貼於牆邊，保持動作約十秒並重複十次。

功效：紓緩腳底及腳踝痛。

* 這個動作不宜維持太久，避免因肌肉過於勞累而引起的抽筋。

多做拉筋
減輕肌肉勞損

專家顧問：劉柏偉 / 註冊脊骨神經科醫生

　　十個月的孕期不算短，想要輕鬆過渡，並非單是凡事小心、靜靜地安胎就可以，其實大肚期間更是要多郁動身體！想要預防大肚期間跌倒、弄傷，就要好好保護肌肉和關節，而拉筋運動正正可放鬆肌肉、關節，並藉以防止日常的小意外。本文脊醫為孕媽媽講解拉筋的好處，又會教幾套針對不同部位的拉筋動作，現在馬上學起來，輕鬆過渡孕期啦！

為何要做拉筋運動？

脊醫劉柏偉指，懷孕後由於荷爾蒙轉變等因素，孕媽媽肩頸、腰背等部位的肌肉容易出現勞損；尤其是上班一族的孕媽媽，坐的時間長，椅子的設計又不合人體生理弧度，加上長時間使用電腦等，令身體容易出現不適。他續指，孕媽媽若平日有進行拉筋、伸展性的運動，除了可以減輕肌肉勞損和關節繃緊的問題，最基本是能夠讓孕媽媽認識，自己身體哪部位有問題，才能針對該問題改善。

做拉筋的好處

除上述好處之外，劉醫生表示拉筋是非常適合孕媽媽進行的運動，是相對性比較安全的運動，在懷孕初期已經可以開始練習之餘，整個懷孕期皆適合進行。不少孕媽媽可能本身沒有運動的習慣，拉筋的動作都相當簡單，孕媽媽可以很快掌握，而且所需的工具不多，練習起來很方便，這對培養運動習慣十分有利。

進行方法

- 應循序漸進地練習，一開始時伸展的幅度達 6 至 7 成即可，之後再逐步增加幅度。
- 每天可拉筋 3 次，如早、午、晚各一次，要上班的孕媽媽可拉筋後才出門，以防止弄傷。
- 同時可規定在睡前拉筋，可預防半夜抽筋及提升睡眠質素。
- 很多動作都是分左右腳、左右肩等去練習，應每邊重複動作 2 至 3 次，每次通常維持 15 至 30 秒。
- 只要堅持練習拉筋，很快就可以看到成效，如連續堅持練習一星期左右，肌肉勞損便見改善。
- 產後等待傷口癒合，即約 2 至 3 個月，可開始進行下身的拉筋動作；此前則可進行上身的拉筋，對於育嬰亦有幫助。

注意事項

- 孕媽媽進行拉筋時應量力而為，只要感覺部位有拉扯感覺便可停下，切忌操之過急。
- 做其他運動前亦應先拉筋，作為熱身，以先放鬆肌肉，防止弄傷。
- 穿着鬆身或舒適的運動服拉筋，太緊的衣服影響拉筋幅度。
- 如進行以下的動作感到任何不適，請再次詢問脊醫再繼續進行。

1. 紓緩肩頸疲勞

① 手掌朝下，放在大腿下。　② 身體保持挺直，背部成自然弧度。　③ 一邊手放在頭上，手掌貼頭側。　④ 頭部隨着手掌下推，向側輕輕壓下，肩頸感覺被拉扯。

針對部位：肩頸

* 伸展時以正常呼吸維持 15 至 30 秒。

---

2. 預防寒背

① 雙手放在背後疊在一起。　② 挺直坐好，雙肩保持水平。　③ 錯誤示範：注意不要一邊膊高，一邊膊低　④ 兩邊手睜向內拉合頭部向上昂起，頸項呈一弧度。

針對部位：胸肌

* 伸展時以正常呼吸維持 15 至 30 秒。

3. 強化臀部肌肉

針對部位：臀部
* 伸展時以正常
呼吸維持 15 至
30 秒。

① 挺直坐好，將一邊腳放在另一邊的大腿上。

② 雙手握住舉起的一邊腳。坐下時踏在地上的一邊腳與地面呈九十度，雙手同時放在腳腕（千萬不要按壓膝蓋）

③ 其間注意背部維持自然弧度。

4. 煉大腿內側

針對部位：
大腿內側
* 伸展時以正
常呼吸維持
15 至 30 秒。

① 挺直身體坐下，蹬直其中一邊的腳。

② 腳睜貼地，腳尖朝上。

③ 腳睜向右旋轉，上身保持挺直。

④ 腳睜再向左旋轉，完成後換另一邊腳重複以上步驟。

5. 腰背伸展

① 屈曲雙腳，跪在地墊上，臀部貼腳睜。

② 雙手手掌和膝蓋貼地墊，臀部仍然緊貼腳睜。

③ 上身傾前，雙手順勢滑前，視乎個人能力向前伸展，臀部依然貼腳睜。

④ 如有拉緊感覺，就定着動作保持10-15秒便可。

針對部位：腰背
* 伸展時以正常呼吸維持 5 至 10 秒。

下肢伸展運動
趕走抽筋水腫

專家顧問：Kristy Yeung/Fitness Express 課程培訓總監

　　懷胎十月，不少孕媽媽都曾遇到過小腿腫脹、抽筋、下腰痠痛等下肢不適的困擾，尤其是快將臨盆之際。但原來，除了默默熬過去外，孕媽媽只要在日常多做伸展運動，讓下肢的血液保持良好循環，就能有效減少下肢抽筋、水腫或痠痛等情況。事不宜遲，快請資深教練來介紹這 6 組的下肢伸展動作吧！

懷孕時常見的下肢不適

1. 抽筋

　　懷孕期間，隨着胎兒日漸長大，腿部肌肉的負擔也不斷增加，若孕媽媽日常走路太多、站得太久、過度勞累、睡姿不良，就會使小腿肌肉過勞，導致局部的酸性代謝產物堆積；再加上體內低血鈣而引致的神經肌肉興奮，也會導致肌肉收縮，繼而出現腿部抽筋的情況。由於夜間的血鈣水平通常比日間低，故抽筋多在夜間發作。此外，血液循環不良或寒冷，也是引發抽筋的原因之一。

2. 水腫

　　懷孕期間，胎盤分泌的激素及腎上腺分泌的醛固酮會增多，令鈉和水份容易滯留在體內；加上子宮日漸增大，開始壓迫到靜脈，令下肢血液回流不暢，故容易引發下肢水腫。另外，在懷孕期有貧血、高血壓、腎臟疾病等的孕媽媽，亦有較大機會受下肢甚至全身水腫的困擾。

本次運動所需物品：

1. 瑜伽墊
2. 普拉提環或毛巾

腿部：1. 腓腸肌伸展

作用：
伸展後大腿，同時紓緩小腿抽筋等問題。

手握普拉提環或毛巾，平躺在瑜伽墊上，左腳屈曲踏地。

將右腳伸高，以普拉提環或毛巾套着腳掌的中心，伸直右腳後，再往下拉伸腳掌。

完成後，可換成左腳伸高，並重複上述動作。

2. 股直肌伸展

① 腳趾撐地，雙膝與肩同寬，跪於瑜伽墊上。

② 往右側傾身，以手掌撐着瑜伽墊。

注意：雙腿間的寬度應大於盆骨，以便孕媽媽保持平衡。

③ 撐穩身體後，將左腳踏前一步，右膝撐地，再慢慢使力挺起；然後放鬆後腳，小心地調整前方腳掌，讓前腳成 90 度，並向前輕按大腿，慢慢下壓。完成後，可換成左側重複此組動作。

作用：伸展前大腿。

3. 平躺壓腿式伸展

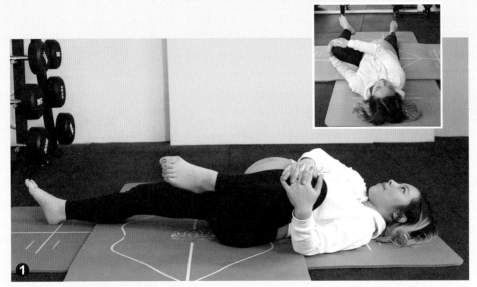

平躺在瑜伽墊上，往上屈起左膝，然後雙手抱膝向外，再緩緩往上推，維持約 10-15 秒。

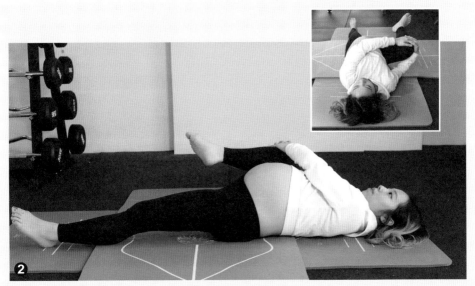

完成後，可換作右膝重複上述動作。

作用：伸展腿部、髖關節周邊的肌肉。

腰臀部：4. 孩童式伸展

雙膝與肩同寬，兩掌與肩膊呈水平線撐地，俯身跪在瑜伽墊上：背部平直，垂頭望地，放鬆頸椎。

最後用兩臂枕地，慢慢俯身趴下，並維持約 10-15 秒。

作用： 伸展腰部肌肉、內收肌群、臀部肌肉。

兩手使力推身向後方，然後將臀部坐於雙膝之間。

注意事項

- 受懷孕時的荷爾蒙影響，孕婦關節中的肌梭 (Muscle spindle) 會比平日更為放鬆。因此在懷孕期間進行伸展運動時，即使日常有做瑜伽等運動的孕媽媽，亦只需稍作拉伸紓緩，切忌像往常一樣過度伸展，以免以免韌帶過度拉扯，導致其失去保護關節的能力。
- 是次介紹的伸展運動，均適合不同懷孕階段的孕媽媽進行，有需要的孕媽媽可每天進行。
- 進行運動時，每組伸展動作可維持 10-15 秒。

5. 樂童式伸展

平躺在瑜伽墊上，打開雙腿與盆骨同寬，屈曲雙膝往前升起，並將雙手置於膝下輕托。

作用：
紓緩因懷孕時腰背部的過度彎曲。

6. 下背腰伸展

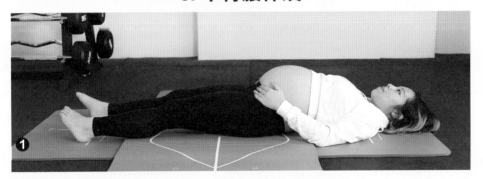

先在瑜伽墊上平躺，並伸直雙腳。

於腳掌的使力帶動整條腿，來回進行左右擺動。

作用： 透過擺動時產生的力量，放鬆下腰周邊的肌肉。

6 招毛巾操
踢走產後不適

專家顧問：周毓輝 / 註冊物理治療師

　　BB 出世後，新手媽媽開始學習為 BB 餵奶、沖涼，即使最簡單的抱 BB 姿勢，當中亦有學問。一旦姿勢不正確，有機會造成媽媽手或加劇寒背問題。有見及此，本文教大家利用每個家庭必備的毛巾，教媽媽六招毛巾操，糾正產後常見的頸、背及腰的不適問題。

1. 助背管拉直

① 雙腳分開企至兩肩之間距離，簡單伸直，頭不用揪後。

② 雙手舉起向上，保持貼頭。

③ 動作維持五秒後，慢慢放下雙手。此動作有助背管拉直，如熱身運動，好像伸懶腰的動作。

2. 助拉緊腰部肌肉

① 雙手舉高伸直，然後慢慢向右傾側，直至左邊腰骨及肋旁有拉緊感覺。

② 注意頭部不要傾側。

動作左右交替，兩手慢慢向左傾側，直至右邊腰骨及肋旁有拉緊感覺；每組動作維持五秒。

③

215

3. 糾正寒背姿勢

❶ 下巴內收，雙手伸直高舉毛巾，然後慢慢將毛巾拉下。

❷ 挺直胸膛，兩手的手肘打開。

❸ 將毛巾慢慢拉下至頭後方，此組動作有助糾正寒背的姿勢。

錯誤動作：切忌頭部伸向前。

216

4. 頸部運動

雙手手執毛巾兩旁，然後慢慢向前拉。

把毛巾跨過頸後沿。

用毛巾作支撐，頭慢慢向後躺，做出抬頭動作，腰部勿轉動。

5. 腰部運動

雙手反手拿着毛巾，利用毛巾承托腰骨。

兩手向前拉，身體慢慢向後拗腰。

毛巾放下腰間位置。

217

6. 助胸背挺直

① 兩手放在背部，左手臂由下而上放；右手臂則相反，由上而下舉高，做出互扣的動作。

② 動作左右交換，若兩手無法互扣，可以利用毛巾完成動作。左手臂由上而下捉緊毛巾，右手臂則由下而上取毛巾。

③ 兩手在背後嘗試上下靠近，做出一上一落的動作，動作維持五秒。

④ 此動作有助胸背挺直，幫助修正寒背問題。

三合一運動
速效回復身段

專家顧問：Rico Guevara/ 健身教練

　　收身運動有很多，三合一的你又有沒有聽過？ Kickboxing(拳擊)、Pilates(普拉提) 和 Zumba Dance(拉丁健身舞) 三合一運動，既有令身心舒展的普拉提，又有動感的拳擊及舞蹈，不但能有效又快速地令產後媽媽回復產前的身材，更能加強心肺功能，好玩又有效的收身運動，你又豈能錯過？

全新三合一運動

　　Piloxing 就是在 Pilates 的基礎上，加入 Kickboxing 的「出拳」和「踢腿」等踢拳動作，和 Zumba 的火熱拉丁音樂旋律，成為創意時尚的搏擊健身舞。由於糅合了 Kickboxing 和 Zumba 的元素，Piloxing 的舞步充滿動感和活力，既有澎湃的旋律和節奏感，但亦講求速度和力量。所以，Piloxing 不單只是帶氧健身舞蹈，能在短時間內消耗大量卡路里，而且能訓練肌肉線條，提升身體力量、耐力和柔韌度，並能提高專注力，有助紓解生活壓力。而在課堂內，導師會跟着音樂，三種運動以不同的強度互換。

特製手套

　　Piloxing 除了混合多種運動外，最特別就是學生必須戴上一對特製手套，它不是一般的 Boxing 拳套。這特製手套的中央內裏藏了 250g 沙粒，戴上後便會有負重的效果。千萬別少看這重量，戴上手套後出拳，就如戴上 1kg 一樣，對於鍛煉手臂線條，有明顯功效。

拳擊

　　Kickboxing 源自拳擊與空手道，是一種搏擊擂台比賽，於七十年代初流行於美國、加拿大及歐洲。較着重拳腳，集中一拳的力量，具爆炸性，招式清脆利落。 Kickboxing 可在短時間內讓身體達至最高心跳率，每小時運動可消耗 800 卡路里，配合不同的拳法，針對身體不同部位，如手臂、腰腹、大腿等加以鍛煉，最重要的是多變的組合性。由於它屬全身運動，具有效燒脂的特性，因而演化成極受歡迎的健體減肥運動，配合健身球（ Fit Ball）、半圓球等器材，讓運動過程更具趣味。

❶

左腳向外微曲，右腳向外伸直，雙手向左上角舉起。

❷

把雙手收下，右腳屈曲及提高。

❸

臀部向後坐，雙腳呈 90
度，腰板保持挺直。

作用：此動作可收緊大腿、手臂、腰腹及臀部肌肉，重拾線條並作為熱身運動。

普拉提

普拉提是由德國人若瑟普拉提創立，最初應用於病人身上，如腰背痛病人，以加快康復進度。其後引入健身室，作健身、收身用途，近年更推廣成為婦女產前產後運動，對順利生產、產後收身及改善肚腩等均有效。練習普拉提可鍛煉多裂肌，增強背部力量，有助改善寒背。由於普拉提不屬於高強度的阻力訓練，與一般「操肌」鍛煉大肌肉不同，並不會令人的肌肉脹起，反而會有收窄肌肉的效果，令身體的線條更突出。臀部、大腿的線條也同樣可靠普拉提運動變得更突出。

❶ 臀部向後坐，雙腳呈90度，腰板保持挺直，雙手向前水平線伸直。

❷ 保持雙腳90度，雙手水平線交叉。

❸ 雙腳仍然呈90度，雙手向左右水平張開。

❹ 雙手保持水平張開，身體向左及右移動。

作用：動作可改善肚腩，令臀部、大腿的線條更突出。

媽媽寶寶　最營食譜

荷花出版
EUGENE GROUP

幼兒保健133款私藏靚湯 $130

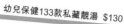

寶寶至愛62款糕餅小點輕鬆焗 $130

61款幼兒開胃涼伴食譜 $130

寶寶嘅飲食寶庫！

寶寶湯水大補鑑 $99

簡易自製47款幼兒小食 $99

1-2歲幼兒食經 $99

媽咪炮製BB糊仔 $99

一學就會的136款寶寶湯水 $130

0-1歲BB私房菜 $99

自家手作幼兒營食 $110

0-2歲寶寶6大創意小吃 $99

逐歲吃出有營B $99

101款幼兒保健湯水 $99

查詢熱線：2811 4522

拉丁健身舞

拉丁健身舞是將有氧操和拉丁舞合二為一。特點是在熱烈奔放的拉丁音樂中感受南美風情，同時在健身舞中增加舞蹈元素，在鍛煉之外更可自我享受。拉丁健身舞要求百分之百的情緒投入，越是淋漓盡致地把拉丁的感覺發揮出來，就越能放開，無所顧忌，在音樂中釋放身體。拉丁健身舞強調的是能量消耗，對動作的細節要求不高，只要能跟上節奏就好，它注重的是運動量和對髖、腰、胸、肩部等關節的活動。

❶ 雙手右上左下的伸長，腳部呈丁字腳，右腳以腳尖貼地。

❷ 身體保持挺直，左手叉腰，右手向外伸直。

❸ 雙手微曲舉高，身體繼續保持挺直，左腳呈微曲。

作用： 大幅度的活動髖、腰、胸、肩部等關節，可以增強心臟的強度和耐力，讓肌肉回復彈性。